电气工程新技术丛书

配电网故障诊断

何正友　编著

西南交通大学出版社
·成都·

图书在版编目（ＣＩＰ）数据

配电网故障诊断 / 何正友编著. 一成都：西南交
通大学出版社，2011.1
（电气工程新技术丛书）
ISBN 978-7-5643-1007-3

Ⅰ．①配…Ⅱ．①何…Ⅲ．①配电系统－故障诊断
Ⅳ．①TM727

中国版本图书馆 CIP 数据核字（2010）第259175号

电气工程新技术丛书

配电网故障诊断

何正友　编著

责 任 编 辑	黄淑文
特 邀 编 辑	宋彦博
封 面 设 计	本格设计
出 版 发 行	西南交通大学出版社 （成都二环路北一段111号）
发行部电话	028-87600564　87600533
邮 政 编 码	610031
网　　　址	http://press.swjtu.edu.cn
印　　　刷	成都蜀通印务有限责任公司
成 品 尺 寸	170 mm×230 mm
印　　　张	12.5
字　　　数	224千字
版　　　次	2011年1月第1版
印　　　次	2011年1月第1次
书　　　号	ISBN 978-7-5643-1007-3
定　　　价	25.00元

前 言

配电网作为电力网的末端，直接与用户相连，它能敏锐地反映用户对供电安全、品质等方面的要求，其运行安全性、可靠性和经济性直接关系到社会生产与人们的生活。配电网一旦发生故障，就会造成社会生产的巨大损失，给人们的生活带来极大的不便。

据统计，电力系统中80%以上的故障来源于配电网。因此，高自动化水平的配电网故障诊断系统是社会经济发展和人民生活质量提高的重要保障。配电网故障诊断的主要作用在于：当配电网发生故障或处于异常运行状态时，可以快速地模拟出需要隔离的区域和所要操作的开关，并根据实际停电状况及时地给出故障隔离后的最佳供电恢复方案，以显著地缩短停电时间、缩小故障停电面积和降低停电损失；同时，通过配电网电能质量扰动分析，可以给出全面的扰动分析结果，为扰动的治理及决策制定提供依据，保证电力供给品质和电力系统安全、经济运行。因此，对配电网故障诊断的深入研究，不仅有利于提高供电部门的故障处理水平，也有利于今后配电网管理系统的迅速建立，可望有效地提高供电可靠性、改善供电质量。

鉴于此，本书作者将配电网故障选线、故障定位与恢复重构以及配电网电能质量扰动分析纳入配电网故障诊断体系。作者总结多年教学和科研的心得体会，同时吸纳国内外同行的研究成果，对电力系统和铁路系统配电网故障诊断理论与方法的研究作了一个初步总结。

全书包括以下8章内容：第1章简要介绍了配电网的基本概念，配电网故障诊断的数据源、内容、目的和意义，同时分析了配电网故障诊断的难点并作出展望；第2章详细介绍了配电网的构成，包括配电网基本设备、网络结构、中性点接地方式以及配电自动化系统；第3章对配电网单相接地故障进行了故障特征分析，包括稳态分析、暂态分析以及基于相模变换的故障模量分析；第4章总结了现有的配电网故障选线方法，包括利用故障稳态信息、故障暂态信息以及融合信息的选线方法，同时分析了其难点和发展趋势；第5章阐明了基于矩阵运算、过热弧搜索、人工智能方法和注入法的配电网故障定位方法，并简要介绍了配电网故障后恢复重构的数学模型；第6章重点阐述了电能质量扰动分析方法，包括电能质量扰动检测、识别和扰动源定位方法，同时分析了电能质量扰动分析的难点；第 7 章系统论述了铁路配电网故障诊断方法，首先简要介绍了铁路配电网及其特点，然后给出了自闭/贯通线路单相接地故障分析方法，分析了自闭/贯通线路典型故障的原因，并给出了处理方法。最后重点介绍了基于 FTU 和 S 注入法的自闭/贯通线路故障定位方法；第 8 章构建了铁路配电网故障信息管理及诊断系统框架，分析了该系统应具备的功能和结构，并详细介绍了一个应用实例——铁路配电网故障信息管理及诊断系统（Fis I1.0.0）。

本书由何正友教授编著。参与本书整理工作的有臧天磊、张钧、贾勇、张海平、张海申、叶德意、陈双与吴双等博士、硕士研究生，在此向以上学生的付出表示衷心的感谢！

本书有幸得到了国家自然科学基金（No.50407009 小波熵理论及其在电力系统故障检测与分类中的应用、No.50877068 基于信息论的多信源电网故障诊断方法与系统研究）、教育部优秀新世纪人才项目基金（No.NCET-06-0799 基于信息理论的电力系统故障诊断系统理论及实现）、四川省青年基金项目（No.06ZQ026-012 信息熵的泛化及其在电网故障诊断中的应用研究）、教育部高等学校博士学科点专项科研基金（No.200806130004 基于单端行波自然频率提取的输电线路故障测距新方法）和中铁第四勘察设计院集团有限公司项目（铁路配电网故障信息管理与故障诊断系统研究）等项目的资助，同时还得到了西南交通大学电气工程学院及国家轨道交通电气化与自动化工程技术研究中心同事的鼎力支持，特此致谢！

在本书的撰写过程中，作者参考和引用了国内外同行专家和学者的相关研究成果，在此谨向他们表示由衷的谢意！

感谢西南交通大学出版社副社长兼总编辑张雪以及编辑宋彦博等老师为本书的出版所做的辛苦工作！

编写本书，旨在抛砖引玉，为电力系统及其自动化和轨道交通电气化与自动化等专业的研习者和从事相关工作的人员提供参考。但百密难免一疏，由于作者水平有限，书中难免存在疏漏和不妥之处，期待与广大读者深入交流，并敬请各位专家、同行学者和相关技术人员不吝赐教。

何正友

2010 年 10 月于西南交通大学

目 录

第1章 概 述

1.1 配电网

在现代电力系统中，大型的发电厂往往远离负荷中心，发电厂发出的电能一般要通过高压或超高压输电网络输送到负荷中心，然后在负荷中心由电压等级较低的网络把电能分配到不同电压等级的用户。这种在电力网中主要起分配电能作用的网络就称为配电网（distribution network）。它由架空线、电力电缆、配电变压器、开关以及变电站等设备组成，其功能是从输电网或地区发电厂获取电能，并组成多层次的配电网络，将电能安全、可靠、经济地分配给用户。

1.1.1 配电网的分类

依据不同的分类方式，可将配电网分为不同的类型。

根据电压等级的不同，配电网可分高压配电网（110 kV, 66 kV, 35 kV）、中压配电网 [10（20）kV] 和低压配电网（380/220 V）。世界上许多国家仍依照传统习惯将 10 kV 及其相邻电压称为一次配电电压，将 380/220 V 及其相邻电压称为二次配电电压，而将 110 kV、66 kV、35 kV 等曾经在电网发展历史中起过输电作用的电压称为次输电电压，但在性质上仍将其列入配电电压一类。也有些国家主张将电压等级明确划分为三类：输电电压、次输电电压与配电电压。我国则把被这些国家称为次输电电压的电压称为高压配电电压，以突出其配电性质。

根据供电地域特点和服务对象的不同，配电网可分为城市配电网和农村配电网。

根据配电线路形式的不同，配电网可分为架空配电网和电缆配电网。根据体系结构的不同，配电网可分为辐射状网、树状网和环状网等。

1.1.2　对配电网的基本要求

对配电网的基本要求是：在具有充分供电能力的前提下，满足供电可靠性、合格的电能质量和运行的安全性和经济性等要求[1]。

(1) 供电可靠性。对配电网原则上要求停电的次数最少，而且每次停电所影响的用户数和持续时间尽可能降至最小限度。规划配电网时应满足电网供电安全准则（N-1 准则）和用户供电可靠率高、恢复供电目标时间短等要求。

(2) 合格的电能质量。这主要是要求配电网的电压保持在规定的电压波动范围之内。考察电能质量的指标包括供电电压允许偏差、电压允许波动值、三相电压允许不平衡度、注入电网的谐波电流及电压畸变率、电压闪变值等。

(3) 安全性和经济性。这是要求网络完善、合理，与社会发展和环境保护协调一致，陈旧设备得到更新，电网技术水平的先进程度符合运行要求，以保证安全运行并最大限度地降低电能损耗。

1.1.3　配电网的特点

配电网相对于输电网来说，其电压等级低、供电范围小，但与用户直接相连，是供电部门对用户服务的窗口，因而配电网的运行一般具有如下特点：

(1) 为了提高供电可靠性，配电系统在设计时一般采用闭环结构，各配电馈线之间通过联络开关相互连接。而为了故障定位和继电保护整定的方便，在正常运行情况下，配电网结构一般又呈严格辐射状。

(2) 配电系统的线路类型众多，包括架空线路、地下电缆等。线路的电阻与电抗比值一般远较输电线路大，其并联电导和容纳很小，一般情况下可以忽略不计。

(3) 配电系统的设备数量众多（如环网开关、重合器、分段器等）且沿配电馈线分布，并且设备所处的气候环境一般较为恶劣。

(4) 配电系统的运行与用户用电情况紧密相关，因此它常处于三相不平衡运行状态。

(5) 配电系统不必考虑电力系统暂态稳定性问题，也不必细致地考虑负荷的动态特性。

(6) 我国的配电网还有一个显著特征，就是在电压等级为 $6\sim66\ kV$ 的配电网中广泛采用中性点不接地或者经消弧线圈接地的方式。这种系统属于小电流接地系统。小电流接地系统的故障绝大多数是单相接地短路故障，其显著特征是在发生单相接地故障时不形成低阻抗短路回路,故障电流非常小,电网线电压仍然对称,允许供电 $1\sim2$ h,从而提高了系统运行可靠性。尤其在瞬时故障条件下,短路点可以自行灭弧、恢复绝缘,这对保证供电的连续性具有非常积极的意义[2]。因此,本书的研究重点也是小电流接地系统,若无特别说明,本书中所涉及的配电系统均为小电流接地系统。

配电系统作为电力系统的最后一个环节直接面向终端用户,它的完善程度直接关系到广大用户的用电可靠性和用电质量,因而它在电力系统中具有重要的地位。

1.2 配电网故障诊断的信息源和诊断内容

1.2.1 故障诊断的信息源

配电网发生故障时,首先反映的信息是电网各节点电压、支路电流等电气量的变化,其次是保护装置依据电气量信息判断故障后生成的保护动作信息或者报警信息,最后是由保护跳开相应的开关以隔离故障时断路器的动作信息。随着科技的不断发展和技术的不断完善,大量配电网自动化装置能够将上述信息测量并记录下来,为配电网故障诊断提供充足的信息源。按照现场的情况,这些装置将测得的信息上送至变电站层的分站,分站对信息进行初步处理,再上送至调度层的主站。配电网故障诊断系统所采用的信息源主要包含以下三类:测控-变电站自动化系统信息、保护信息以及录波信息。如图1.1所示为各种信息上送的情况[3]。

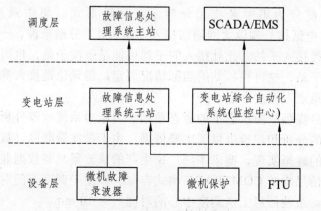

图 1.1 配电网故障诊断信息源上送情况

1. 测控信息

测控装置将采集到的测量信息和断路器状态信息上传至综合自动化系统，综合自动化系统将信息进行初步处理，再上送至调度端 SCADA 系统。SCADA 系统主要采集三种量：状态量、量测量和电气量。对于配电网故障诊断系统来讲，可使用的是状态量，包括：断路器状态、隔离开关状态、各种保护和自动装置信号以及 FTU 的报警信号等。其中，断路器状态信息和FTU 的报警信息是配电网故障诊断的主要依据之一。这些状态量由 0-1 二进制位表示，通过 0-1 的变化表示各种运行设备的位置和发出的信号，一般表示为合-分以及动作-复归。SCADA 系统信息刷新时间为秒级。

2. 保护信息

保护装置将保护信息同时上传至综合自动化系统和故障信息处理系统子站。

综合自动化系统对保护信息进行过滤，将部分信息上送至调度端 SCADA系统。它所采集的保护动作信息直接对应于现场保护装置的继电器的节点，而这些节点大多是公用的出口节点，如××线路保护动作，并没有详细表达具体动作的保护类型和时间段。

故障信息处理系统子站采集变电站内的微机保护装置报发的各种事件报告，主要包括保护装置的动作信息、保护报文等，并将各种信息集中、分类处理，上送至故障信息处理系统主站，供调度端进行故障分析使用。保护信息到达调度中心的时间同样为秒级。

3. 录波信息

故障录波分为集中录波和分散录波两种形式。集中录波一般通过RS232/485、电话拨号和以太网通信接入子站；对于分散录波，一般都有录波网，可以直接接入子站。此处接入的子站可能是录波子站，也可能是故障信息处理系统子站，这将视厂站的实际情况而定。但无论是接入哪个子站，最终都是将信息送入调度中心。

录波信息提供故障状态下的暂态数据，为电力系统故障分析及对各种保护动作行为的分析和评价提供了主要依据。由于录波器联网、数据远传及综合数据处理的逐渐实现，要求不同厂家生产的录波器具备数据兼容的能力，输出的录波信息均按 COMTRADE 格式存储，以便于调度部门对数据进行综合分析处理。录波信息上送调度中心的时间约为 10 min。

1.2.2 故障诊断的内容

配电网故障诊断就是依据测控、保护、录波等故障信息，采用某种诊断机制来确定故障馈线、故障位置，并隔离故障区域，尽量减少停电面积和缩短停电时间；同时，对配电网电能质量扰动进行分析，给出全面的扰动分析结果，以便于电力工作人员掌握电网中电能质量扰动的实时状况，为扰动的治理及决策制定提供依据。借鉴输电网故障诊断体系，配电网故障诊断系统框架如图 1.2 所示[4]。

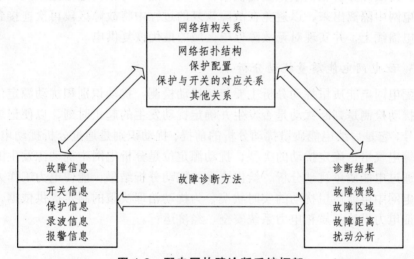

图 1.2 配电网故障诊断系统框架

配电网故障诊断主要包括故障选线、故障定位、故障隔离与重构和配电网电能质量扰动分析等内容。

1. 故障选线

我国在电压等级为 6~66 kV 的配电网中广泛采用中性点不接地或者经消弧线圈接地的方式。这种系统属于小电流接地系统，在上一节已对其优点进行了说明。其缺点是：随着系统容量的增大，馈线增多，尤其是电缆线路的大量使用，导致系统电容电流增大，长时间运行可能会发展成两相短路，也易诱发持续时间长、影响面广的间歇电弧过电压，进而损坏设备，破坏系统运行安全。为避免上述情况的发生，应尽快找到故障线路并排除故障。配电网故障选线是指当配电网发生单相接地故障时，根据 SCADA、录波器等提供的故障信息尽快选择出故障馈线，以便及时对故障进行排除，避免故障的扩大。

2. 故障定位、隔离与恢复重构

配电网故障诊断的重要内容之一就是当配电网发生故障时，快速准确定位和隔离故障区域，尽量减少停电面积和缩短停电时间。配电网故障定位是故障隔离、故障排除和供电恢复的基础和前提，它对于提高配电网运行效率、改善供电质量、减少停电面积和缩短停电时间等具有重要意义。故障定位是指根据 SCADA、保护、录波器等提供的故障信息来判断故障发生在馈线哪个区段或者是给出故障点与某个变电站（或配电所、开关站）出线端之间的距离，为故障分析和供电恢复提供条件。故障隔离与重构是指把永久性故障从配电网中隔离出来，以避免在故障恢复的过程中将故障区段再次连接到正常供电馈线上，并实现对无故障停电区域的最优恢复供电。

3. 配电网电能质量扰动分析

配电网电能质量扰动分析主要包括扰动检测、扰动识别和扰动源定位分析。扰动检测是判断扰动是否发生并确定扰动发生的起止时刻，以便记录扰动信号，它是后续电能质量扰动分析的前提；扰动识别是通过分析扰动电流、电压等电气量，确定扰动的类型；扰动源定位是分析电网中扰动源发生的位置。通过电能质量扰动分析，给出全面的扰动分析结果，能使电力工作人员掌握电网中电能质量扰动的实时状况，为扰动治理决策的制定提供依据，从而保证电力供给品质和电力系统安全、经济运行。

1.3 配电网故障诊断的目的和意义

作为电力网的末端，配电网直接与用户相连，它能敏锐地反映用户对供电安全、品质等方面的要求，其运行安全性、可靠性和经济性直接关系到社会生产与人们的生活。配电网一旦发生故障，就会造成社会生产的巨大损失，给人们生活带来极大的不便。

据统计，电力系统中 80% 以上的故障来源于配电网，因此，高自动化水平的配电网故障诊断是经济发展和人民生活质量提高的重要保障。加强配电网故障诊断的研究具有相当大的社会效益和经济效益，其主要目的在于：当配电网发生故障或运行异常时可以快速地模拟出需要隔离的区域和所要操作的开关，并根据实际停电状况及时给出故障隔离后最佳的供电恢复方案。故障后的快速诊断和供电恢复，能显著地缩短停电时间、减小停电带来的不便、缩小故障停电面积和降低停电损失，并最终最大限度地提高供电部门的故障处理水平，确保供电可靠性、供电质量和系统安全稳定运行。同时，通过电能质量扰动分析，给出全面的扰动分析结果，能为扰动的治理及决策制定提供依据，以保证电力供给品质和电力系统安全、经济运行。由此可见，对配电网故障诊断的深入研究，有利于今后配电网络管理系统的迅速建立，有利于有效地提高供电可靠性、改善供电质量。

1.4　难点与展望

随着配电网自动化系统的建设以及在配电网层面对智能电网研究的开展，配电网故障诊断系统的研究和实现受到了广泛关注。但与此同时，配电网故障诊断还存在以下三方面亟待解决的问题：

（1）信息源的数据庞大问题。可用于故障诊断的数据数量庞大、来源广泛，这些数据在蕴涵信息上存在冗余，且在故障后短时间内涌入调度中心，使得操作人员人工诊断故障十分困难。随着我国配电网数字化和信息化进程的加快以及各类自动装置的安装，在系统发生故障时，将有大量的报警数据在短时间内上报主/子站，如故障录波数据、保护装置报警、断路器/开关跳闸数据等。这些数据数量庞大、蕴涵故障信息丰富，反映故障特征全面，如故障录波装置能记录开关和保护动作的顺序以及各电气量的波形，FTU可提供负荷开关变位信息以及馈线电压/电流的有效值，但如何有效利用这些数据是摆在研究者面前的一个课题。

（2）信息的不确定性问题。可用于诊断研究的故障信息不仅数量庞大，而且具有不确定性这一重要特点，通常包括随机性和模糊性。一般认为这些数据可分为以下三类：一类是由设备本身的测量误差引起的，如TV/TA的测量误差；一类是通信信道带来的误差，这一类在配电系统中尤为突出，因为配电网报警信息大量来自户外的通信装置，其工作环境恶劣、温度变化范围较大，大多装设在电力线柱上或配电柜内，要承受高电压、大电流、雷电等干扰因素，而且配电网的通信点多且分散，难以采用统一的通信方式（在实际应用中，一般都采用混合的通信方式）[5]，这些因素增加了上送故障信息的不确定性；最后一类则是一些启发性、语言性的模糊信息，如领域专家、调度人员的经验等。

（3）故障智能识别方法选用问题。智能技术的应用是配电网故障诊断的一个趋势，采用多种智能方法混合来实现配电网故障诊断是配电网故障诊断研究的发展趋势。配电网故障诊断是一个多层次、多种类问题的求解过程，需要综合利用多个信息系统的数据，如对各类保护装置报警信息、断路器/开关的变位信息以及电压/电流等电气量的特征进行分析，并利用保护动作的逻辑、连续量计算、运行人员的经验来判断可能的故障位置和故障类型。这一过程很难用传统的数学方法描述[6]，而人工智能技术善于模拟人类处理问题的过程，容易计及人的经验并具有一定的学习能力，所以 IEEE PES 2004 会议明确提出智能型故障诊断的概念。同时，我们必须认识到采用单一智能模式虽然使诊断性能有一定的提高，但不可能很好地解决故障诊断所面临的所有难题。

参考文献

[1] 郑健超. 中国电力百科全书·输电与配电卷[M]. 北京：中国电力出版社，1995.

[2] 贺家李，宋从矩. 电力系统继电保护原理[M]. 北京：中国水利水电出版社，2003.

[3] 李倩. 基于多信息源的分层故障诊断方法研究[D]. 华北电力大学硕士学位论文，2007.

[4] 毛鹏，许扬，蒋平. 输电网故障诊断研究综述及发展[J]. 继电器，2005，33（22）：79-86.

[5] 侯玉玲，束洪春. 配电网故障诊断方法综述[J]. 云南水力发电，2007，23（04）：13-17.

[6] 毕天姝，倪以信，杨奇逊. 人工智能技术在输电网络故障诊断中的应用述评[J]. 电力系统自动化，2000，24（2）：11-16.

第2章 配电网的构成

2.1 配电网的基本设备

配电网是由多种配电设备（或元件）和配电设施组成的，用于变换电压并直接向终端用户分配电能的电力网络系统。采用不同的配电设备（元件）连接方式，可构成了不同结构的配电网络。

配电设备按电压等级可分为高压配电设备和低压配电设备。习惯上，高压配电设备包含用于高、中压[110 kV，35 kV，10（6.3）kV]配电系统的设备。低压配电设备则是用于低压（0.4 kV）配电系统的设备。

配电设备按功能可分为一次设备和二次设备。一次设备用于直接输送电能，如配电线路、配电变压器、自动调压器（或电压调整器）、配电电容器、（配电）母线和配电开关设备等都属于一次设备。二次设备用于实行系统的测量、保护与控制等，主要有：电流互感器（TA）、电压互感器（TV）、馈线终端单元（FTU）、变压器终端单元（TTU）、避雷器、故障指示器等。其中，馈线终端单元FTU又包括杆上FTU、柱上FTU、环网柜FTU、开闭所FTU等。

配电系统由几种配电基本元件组成，其主要设施则包括配电变电站、馈线、开关站、环网柜等。下面扼要介绍几种常见的配电设备和设施[1]。

2.1.1 配电变电站

配电变电站俗称变电所，是具备变换电压和分配电能功能的配电设施。最常见的配电变电站有 110 kV（高压配电）变电站、35 kV（高压配电）变电站和 10 kV（中压配电）变电站。其中，10 kV 变电站又可分为 10 kV 箱式变电站（简称箱式变）、10 kV 配电站（俗称配电室）和 10 kV 配电变压器台（简称变台）。

10 kV 箱式变电站用于从中压系统向低压系统输送电能。它是由 10 kV

开关设备、电力变压器、低压开关设备、电能计量设备、无功功率补偿设备、辅助设备和连接件等组成的成套配电设备，这些设备和元件在工厂里被预先组装在一个或几个箱壳内。

10 kV 配电站包含 10 kV 进线配电装置、配电变压器和低压配电装置，是仅带低压负荷的户内配电设施。10 kV 配电站分为 10 kV 户内配电站和10 kV 地下配电站。10 kV 户内配电站是将设备安装在建筑物内的配电站。10 kV 地下配电站是将设备安装在地下建筑物内的配电站。

10 kV 变台是用于将中压降压到低压的简易集合式设备的总称，包含配电变压器、开关设备、测量设备及相关的附属设施等。10 kV 变台主要包括10 kV 柱上变台、10 kV 屋顶变台和 10 kV 落地变台。10 kV 柱上变台指安装在一根或多根电杆上的 10 kV 变台，10 kV 屋顶变台指安装在屋顶的 10 kV变台，10 kV 落地变台指安装在地面的 10 kV 变台。

2.1.2 馈 线

在我国，通常将 110/10 kV 或 35/10 kV 中压配电变电站（降压变电站）的每一回 10 kV 出线称为 1 条馈线。每条馈线由 1 条主馈线、多条三相或两相或单相分支线、电压调整器、配电变压器、电容器组、配电负荷、馈线开关、分段器、熔断器等组成。图 2.1 表示出了从同一中压配电变电站的同一条 10 kV 母线引出的 3 条馈线：馈线 F_1、馈线 F_2 和馈线 F_3。其中，馈线 F_1和馈线 F_2、馈线 F_2 和馈线 F_3 之间通过动合的联络开关相连。

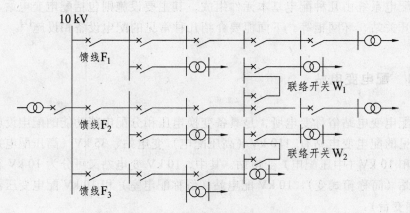

图 2.1   典型的配电馈线结构

2.1.3　配电开关设备

配电开关设备分为高压配电开关设备和低压配电开关设备。高压配电开关设备包括高压断路器、高压负荷开关、高压隔离开关和高压熔断器。低压配电开关设备包括低压断路器、低压负荷开关和低压熔断器。重合器和分段器则是用于配电网自动化的智能化开关设备。

高压断路器又称馈线开关，是安装在馈线上，当系统发生故障时用以断开故障的设备。它具有熄弧能力，能够切断故障电流。按灭弧介质的不同可将它分为少油断路器、多油断路器、真空断路器和 SF_6 断路器。

高压负荷开关是安装在线路上的开关设备，具有简单的灭弧装置，能够开断正常的负荷电流，但不能切断故障电流。它与高压熔断器组合使用，可代替高压断路器以节省投资。

高压隔离开关用于在设备停运后退出工作时断开电路，以保证与带电部分隔离，起隔离电压的作用。隔离开关没有灭弧装置，其开合电流能力极低，不能用作接通或切断电路的控制电器。

高压熔断器（熔丝）是通过过热熔断来防止电路中电流的过载和短路的配电设备。它可分为跌落式和限流式两大类。

低压断路器又称自动空气开关，是低压配电系统中既能分合负荷电流又能分断短路电流的开关设备，它可分为万能式、塑壳式和小型模块化三种类型。

低压负荷开关主要分为开启式和封闭式两类，其中开启式负荷开关俗称闸刀开关。

低压熔断器与低压负荷开关中的闸刀开关配合使用，可用于配电线路、照明电路、小容量电动机等的短路保护。

重合器本身具有控制及保护功能。它能检测故障电流并能够按照预定的开断和重合顺序在交流线路中自动进行开断和重合操作，并在其后自动复位和闭锁。

分段器是用来隔离故障线路区段的自动开关设备，它一般与重合器、断路器或熔断器相配合，串联于重合器与断路器的负荷侧，在无电压或无电流情况下自动分闸。

2.1.4　开关站和环网柜

开关站又称开闭所，是由 10 kV 开关设备和母线所组成的配电设施。开关站具有母线延伸的作用，一般只具备配电功能而不具备变电功能，但也可附设配电变压器。10 kV 开关站分为 10 kV 户内开关站、10 kV 户外开关站和10 kV 地下开关站。

环网柜又称环网供电单元，是一种把所有开关设备密封在密闭箱柜内运行的环网开关设备，将它应用在 10 kV 配电系统电缆网中，可实现环网接线、开环运行的供电方式。图 2.2 所示为环网柜的结构和功能示意，它一般由 3～5 路开关共箱组成，由进线单元、计量单元、母线单元等多种单元按多种方案任意组合而成。

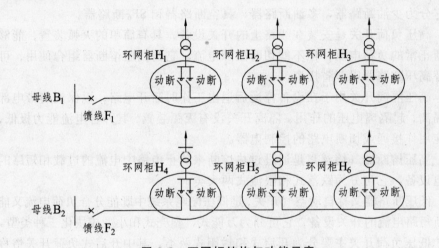

图 2.2 环网柜结构与功能示意

环网柜通常采用负荷开关，而开关站一般采用断路器。由于环网柜体积小，技术指标先进，减少了占地面积，缩短了出线电缆长度，降低了整体造价和维护费用，因而当它采用断路器时，完全可以取代常规的开关站，作为接受和分配电能之用。

2.1.5 避雷器

避雷器是一种过电压限制器，它实际上是过电压能量的吸收器，与被保护设备并联运行，当作用电压超过一定幅值以后，避雷器总是先动作，泄放大量能量，限制过电压，保护电气设备。

避雷器放电时，强大的电流泄入大地，大电流过后，工频电流将沿原冲击电流的通道继续通过，此电流称为工频续流。避雷器应能迅速切断续流，以保证电力系统的安全运行，因此对避雷器的基本技术要求有两条：

（1）过电压作用时，避雷器先于被保护电力设备放电，这需要由两者的全伏秒特性的配合来保证。

（2）避雷器应具有一定的熄弧能力，以便可靠地切断在第一次过零时的工频续流，使系统恢复正常。

上述两条要求对有间隙的避雷器都是适合的，这类避雷器主要有：保护间隙、管式避雷器、带间隙阀式避雷器。

对无间隙金属氧化物避雷器（MOA）的基本技术要求则有所不同：由于无间隙，它长期承受系统工作电压和间或承受各种过电压，即工频下流过很小的泄漏电流，过电压下其残压应小于被保护设备冲击绝缘强度，它必须具有长时间工频稳定性和过电压下的热稳定性，它没有灭弧问题，相应地却产生了它独特的热稳定性问题。

在我国，10 kV 及以下的配电系统中主要采用金属氧化物避雷器作为防雷装置，在多雷区应增加防雷措施。低压架空配电线路，宜在变压器上安装一组低压避雷器。10 kV 柱上开关设备应装设金属氧化物避雷器，常开联络开关的两侧均应装设避雷器。

2.2 配电网的网络结构

10 kV 配电系统的接线方式主要有以下几种：放射式、干线式、链式及环网接线。以往放射式和干线式配电系统较多，而且进出线大部分是架空线，开关设备多数为空气绝缘的真空断路器或少油断路器，不仅故障多、运行成本高，而且发生故障后将引起长时间、大面积停电。随着我国城市建设的发展，用电负荷迅速增加，对配电系统可靠性的要求不断提高，放射式和干线式配电系统已很难适应发展的需要。在国外，环网配电系统已得到普遍应用，我国从 20 世纪 80 年代开始在沿海大中城市推广 10 kV 环网配电系统，城市新建 10 kV 配电系统普遍采用环网接线，现有的城市 10 kV 配电系统也正在逐步改造成环网配电系统[2]。

2.2.1 中压配电网网络接线

中压配电网网络接线方式有单电源辐射接线、双电源手拉手环网接线、三电源手拉手环网接线、四电源＃字形环网接线、4×6 网络接线和多回路平行式接线（开闭所接线）等。

1. 双电源手拉手环网接线

双电源手拉手环网通过一个联络开关，将来自不同变电站或相同变电站不同母线的 2 条馈线连接起来。任何一个区段故障，隔离区段故障后，合上联络开关，将负荷转供到相邻馈线，完成转供。其可靠性为 N-1，设备利用率为 50%。该方式适用于三类用户和供电容量不大的二类用户，其接线方式如图 2.3 与图 2.4 所示。

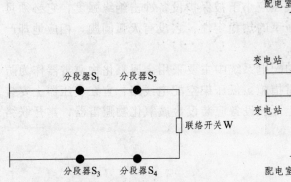

图 2.3　架空线路双电源手拉手网络　　图 2.4　电缆系统双电源手拉手环网

2. 三电源手拉手环网接线

三电源手拉手环网由 3 条馈线供电，每两条馈线间设一个联络开关，馈线可来自不同变电站或同一变电站的不同母线。只要故障区段设有联络开关，就存在两条转供路径，可保证两个故障同时发生时的负荷转供（N-2），否则有一条转供路径（N-1）。其综合可靠性为 N-1，设备利用率为 67%。该方式适用于供电容量较大且数量多的二类用户，其接线方式如图 2.5 所示。

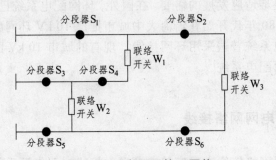

图 2.5　三电源手拉手网络

3. 四电源＃字形环网接线

四电源＃字形环网在双电源手拉手环网的基础上增加两条馈线的联络，形成一个＃字形网络，也可以将其看成是在三电源手拉手环网的基础上增加一条馈线。4 条馈线可来自 2 个变电站不同母线的 2 条馈线或 4 个变电站出线。四电源＃字形环网的可靠性和设备利用率与三电源手拉手环网相同，适用于供电容量较大且数量较多的二类用户和供电容量小且数量不多的一类用户，其接线方式如图 2.6 所示。

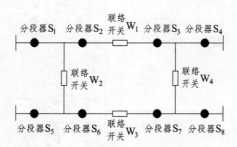

图 2.6　四电源＃字形供电网络

4. 4×6 网络接线

该接线方式有 4 个电源点、6 条手拉手线路，任何两个电源点间都存在联络或可转供通道。当任意两个元件发生故障时仍能保证正常供电，可靠性指标达到 N-2，负荷转移率降为 1/3。

4×6 网络接线由于其在网络设计上的对称性和联络上的完备性，在节省投资、提高可靠性、降低短路容量和网损、均衡负载和提高电能质量等方面具有优越性，其接线方式如图 2.7 所示。

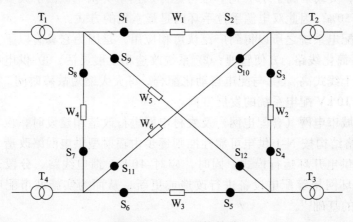

图 2.7　4×6 网络接线

5. 多回路平行式接线

多回路平行供电类似于我国广泛采用的开闭所模式，由两路或三路电源供电，采用一供一备、两供一备或多供一备方式，适用于 10 kV 大用户末端集中负荷。这些回路可以来自不同变电站的 10 kV 母线，也可以来自同一变电站的不同 10 kV 母线段，具有较高的供电可靠性。其接线方式如图 2.8 所示。

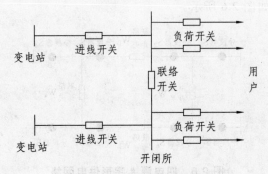

图 2.8　多回路平行式接线

2.2.2　配电网的接线原则

配电系统一般应优先使用简化的接线方式。出线负载率低于 50% 时，优先考虑双电源手拉手环网接线，负载率高于 50%、低于 67% 时，优先考虑三电源环网和四电源 # 字形环网接线，负载率高于 67%、低于 75% 时，考虑 4×6 网络接线，负载率高于 75% 时，应考虑分成两个环供电。由于大多数线路负载率低于 50%，因此双电源手拉手环网是最常见的方式。

环网配电系统之所以得到广泛认可和应用，是因为它具有以下突出的优点：① 可简化线路，方便管理；② 系统改造和发展灵活；③ 供电可靠性较放射式和干线式高；④ 与配电自动化配合，可大大缩短故障时间。因此，环网接线是 10 kV 配电系统的发展方向。

在对城市电网（含配电网）及农村电网进行改造和建设时，应将配电网 10 kV 网络结构按 N-1 供电可靠性准则逐步由辐射型供电网络改造为"手拉手"环网供电开环运行模式。同时，应对 10 kV 馈电线路、分段开关、联络开关、环网柜等配电设备进行改造或更新，从而为实施城市配电自动化打下良好的基础[3]。

2.3　配电网的中性点接地方式

三相交流配电网的中性点在正常运行情况下接近大地电位，一般可认为是地电位（零电位）。这个中性点电位是不固定的，如对于中性点不接地的电网，当三相对地电容不对称时，在正常运行情况下电网中性点不是零电位。这时出现的中性点与大地电位差称为不对称电压。当任何一相发生接地时，中性点电位将产生位移，与大地之间出现较大的电位差，这个电位差称为位移电压。根据这一特点，将中性点通过不同方式与大地相连接，可达到电网建设投资少、运行可靠性高的目的。

三相交流配电网中性点与大地间电气连接的方式，称为电网中性点接地方式，也可称为电网中性点运行方式。不同中性点接地方式会对电网绝缘水平、过电压幅值及保护元件选择、供电可靠性、继电保护方式、人身及设备安全、通信干扰、电磁兼容、投资费用等产生不同的影响。因此在进行电网规划和改造时，必须根据系统情况、电网结构、电容电流大小综合分析，慎重、合理地选择中性点接地方式[1]。

2.3.1　电力系统中性点接地方式的分类

电力系统的中性点接地方式指的是变压器星形绕组中性点与大地的电气连接方式。由于对各种电压等级电网的运行指标的要求日益提高，电力系统中性点接地方式的正确选择具有越来越重要的实际意义。

我国的电力系统接地方式按照中性点接地方式的不同可划分为两大类：大电流接地方式和小电流接地方式。简单地说，大电流接地方式就是指中性点有效接地方式，包括中性点直接接地和中性点经低阻接地等；小电流接地方式就是指中性点非有效接地方式，包括中性点不接地、中性点经高阻接地和中性点经消弧线圈接地等。在大电流接地系统中发生单相接地故障时，由于存在短路回路，所以接地相电流很大，会启动保护装置动作跳闸。在小电流接地系统中发生单相接地故障时，由于中性点非有效接地，故障点不会产生大的短路电流，因此允许系统短时间带故障运行，这对于减少用户停电时间，提高供电可靠性是非常有意义的。

2.3.2 配电网中性点接地方式的特点

1. 大电流接地系统的特点

（1）当发生单相接地故障时，由于采用中性点有效接地方式存在短路回路，所以接地相电流很大。

（2）为了防止损坏设备，必须迅速切除接地相甚至三相，因而供电可靠性低。

（3）由于故障时不会发生非接地相对地电压升高的问题，因此对系统的绝缘性能要求相应降低。

2. 小电流接地系统的特点

（1）由于中性点非有效接地，当系统发生单相短路接地时，故障点不会产生大的短路电流，因此允许系统短时间带故障运行。

（2）此系统对于减少用户停电时间、提高供电可靠性非常有意义。

（3）当系统带故障运行时，非故障相对地电压将上升很高，容易引发各种过电压，危及系统绝缘，严重时会导致单相瞬时性接地故障发展成单相永久接地故障或两相故障。

2.3.3 小电流接地系统中性点不同接地方式的比较

1. 中性点不接地

中性点不接地方式，即中性点对地绝缘。这种方式结构简单，运行方便，不需任何附加设备，投资少，适用于农村以 10 kV 架空线路为主的辐射形或树状供电网络。该接地方式在运行中若发生单相接地故障，流过故障点的电流仅为电网对地的电容电流，其值很小，需装设绝缘监察装置，以便及时发现单相接地故障并迅速处理，以免故障发展为两相短路而造成停电事故。若是瞬时故障，一般能自动熄弧，非故障相电压升高不大，不会破坏系统的对称性，故可带故障连续供电 2 h，从而获得排除故障的时间，相对地提高了供电的可靠性。

采用中性点不接地方式，因中性点是绝缘的，故电网对地电容中储存的能量没有释放通路。在发生弧光接地时，电弧的反复熄灭与重燃，也是向电容反复充电的过程。由于对地电容中的能量不能释放，造成电压升高，从而产生弧光接地过电压或谐振过电压，其值可达很高，对设备绝缘造成威胁。

此外，由于电网存在电容和电感元件，在一定条件下，因倒闸操作或故障，容易引发线性谐振或铁磁谐振，这时馈线较短的电网会激发高频谐振，产生较高谐振过电压，导致电压互感器击穿。对于馈线较长的电网，易激发起分频铁磁谐振，在分频谐振时，电压互感器呈较小阻抗，其通过的电流将成倍增加，引起熔丝熔断或电压互感器过热而损坏。

2. 中性点经传统消弧线圈接地

中性点经消弧线圈接地方式，即在中性点和大地之间接入一个电感消弧线圈。在系统发生单相接地故障时，消弧线圈的电感电流对接地电容电流进行补偿，使流过接地点的电流减小到能自行熄弧的范围。该方式的特点是线路发生单相接地时，可不立即跳闸，按规程规定电网可带单相接地故障运行2 h。对于中压电网，因接地电流得到补偿，单相接地故障不易发展为相间故障。因此，中性点经消弧线圈接地方式的供电可靠性远高于中性点经小电阻接地方式。但中性点经传统消弧线圈接地方式也存在着以下问题：

（1）由于传统消弧线圈没有自动测量系统，不能实时测量电网对地电容和位移电压，当电网运行方式或电网参数变化后靠人工估算电容电流，误差很大，不能及时有效地控制残流和抑制弧光过电压，不易达到最佳补偿。

（2）调谐需要停电退出消弧线圈，失去了消弧补偿的连续性，响应速度太慢，隐患较大，只能适应正常线路的投切。如果遇到系统异常或事故，如在系统低压减载切除线路等情况下，系统不能及时进行调整，极易造成失控。若此时正遇到电网单相接地，其残流大，正需要补偿而跟不上，因而容易产生过电压而损坏电力系统绝缘薄弱的电气设备，导致事故扩大。

（3）单相接地时，由于补偿方式、残流大小不明确，用于选择接地回路的微机选线装置更加难以工作。此时不能根据残流大小和方向采用及时改变补偿方式或调挡变更残流的方法来准确选线，只能依靠含量极低的高次谐波的大小和方向来判别，准确率很低。

（4）随着电网规模的扩大，如果电网运行方式经常变化，且要求变电站实行无人值班，而传统的消弧线圈不可能始终运行在最佳挡位，则消弧线圈的补偿作用不能得到充分发挥，也不能总保持在过补偿状态下运行。

3. 中性点经高电阻接地

中性点经高电阻接地方式，即在中性点与大地之间接入一定电阻值的电阻。该电阻与系统对地电容构成并联回路，单相接地故障时电阻电流被限制为等于或略大于系统总电容电流。因为电阻既是耗能元件，又是电容电荷释放元件和谐振的阻压元件，因此中性点经高阻接地方式除了能有效控制接地电流，还能抑制弧光接地过电压、限制断线谐振过电压、消除电磁电压互感器饱和过电压。该接地电阻阻值也主要根据上述三方面的过电压限制水平和接地电流的限制水平确定。

其优点是：

（1）可将单相接地电流控制在十几安以下，实现带故障连续供电，便于查找和切除故障，供电可靠性比较高；

（2）接地故障时可利用电阻产生的零序有功电流实现故障选线，使得故障线路自动检出较易实现；

（3）减小了单相接地故障点附近地电位的升高，降低了电网单相接地故障对人身安全、设备安全以及通信系统的影响。

其缺点是：该接地方式对网络规模的适应性差，其应用范围受很大限制。中性点经高电阻接地方式电网的规模一般不宜过大，其电容电流一般 <10 A，只宜在规模较小的 10 kV 及以下配电网中应用，因为对于电容电流大于 10 A 的配电网，采用高电阻接地方式将无法解决熄弧和接触电压过高的问题。

2.4 配电自动化系统

配电自动化[4]（Distribution Automation，DA）是指供电企业在远方以实时方式监视、协调和操作配电设备。配电自动化系统是指对变电、配电到用电过程进行监测、控制和管理的综合自动化系统。该系统综合了计算机技术、现代通信技术、电力系统理论和自动控制技术。它包括配电网数据采集和监控系统（SCADA）、配电地理信息系统（Geographic Information System，GIS）、需方管理（Demand Side Management，DSM）系统以及其他高级应用系统等几个部分。

2.4.1 配电网数据采集和监控系统

配电网数据采集和监控系统（SCADA）用于采集安装在各个配电设备处的终端单元上报的实时数据，并使调度员能够在控制中心遥控现场设备。它一般包括数据库管理、数据采集、数据处理、远方监控、报警处理、历史数据管理以及报表生成等功能。SCADA 包括配电网进线监控、配电变电站自动化、馈线自动化和配变巡检及低压无功补偿四个组成部分。

1. 配电网进线监控

配电网进线监控一般完成对来自主变电站的向该配电网供电的线路的开关位置、保护动作信号、母线电压、线路电流、有功和无功功率以及电度量等的监控。

2. 馈线自动化

馈线自动化（Feeder Automation，FA）是指：① 在正常情况下，在远方实时监控馈线分段开关与联络开关的状态和馈线电流、电压情况，并实现线路开关的远方合闸和分闸操作，以优化配电网的运行方式，从而达到充分发挥现有设备容量的目的；② 在故障时获取故障信息，并自动判别和隔离馈线故障区段以及恢复对非故障区域的供电，从而达到减小停电面积和缩短停电时间的目的；③ 在单相接地等异常情况下，对单相接地区段的查找提供辅助手段。

3. 开闭所和配电变电站自动化

开闭所和配电变电站自动化（Substation Automation，SA）完成对配网中配电开闭所、小区变的开关位置、保护动作信号、小电流接地选线情况、母线电压、线路电流、有功和无功功率以及电度量等的远方监控、开关远方控制、变压器远方有载调压等。

4. 配变巡检及低压无功补偿

配变巡检及低压无功补偿是指对配电网中箱式变电站、变台等的参数进行远方监控和低压补偿电容器的自动投切和远方投切等。

2.4.2　配电地理信息系统

配电地理信息系统的功能是结合用户信息将柱上开关、变压器等配电设备与街区道路图相对应。它能够给配电网运行管理人员带来极大的方便。

配电地理信息系统的功能主要包括：

（1）地图的分层管理，用于决定对街道背景层、变压器图层、建筑物图层、架空线层、电缆层、通信线路层等是否显示、选择、编辑等。

（2）设备查询、统计以及静态信息显示（Facilities Management，FM）。

（3）用户信息系统（Customer Information System，CIS）借助 GIS 对大量用户信息（如用户名称、地址、账号、电话、用电量和负荷、供电优先级、停电记录等）进行处理，以便于迅速判断故障的影响范围，并且用电量和负荷的统计信息还可作为网络潮流分析的依据。

（4）SCADA 功能将 SCADA 和需方管理上报的实时数据信息与 GIS 相结合，以便操作和管理人员更方便地动态分析配电网的运行情况。

（5）网络拓扑和供电、停电范围分析。

（6）故障区域显示和停电用户信息统计与分析。

2.4.3　需方管理系统

需方管理实际上是电力的供需双方共同对用电市场进行管理，以达到提高供电可靠性、减少能源消耗及供需双方的费用支出等目的。其内容包括负荷监控和管理以及远方抄表与计费自动化两方面：

（1）配电网负荷监控和管理（Load Control & Management，LCM）是根据用户的用电量、分时电价、天气预报以及建筑物内的供暖特性等进行综合分析，确定最优运行和负荷控制计划，对集中负荷及部分工厂用电负荷进行监控、管理和控制，并通过合理地转移负荷（即技术移荷），达到平坦负荷曲线、降低运行成本、实现负荷均衡化以及进一步发挥和利用现有设备的容量等目的。

（2）远方抄表与计费自动化（Automatic Meter Reading，AMR）是指通过各种通信手段读取远方用户电表数据，并将其传至控制中心，自动生成电费报表和曲线，并实现复费率和各项统计功能，从而降低劳动强度，提高运营管理现代化水平，有助于减人增效。

2.4.4 高级应用系统

配电自动化系统除包括上述已介绍的几个系统外，还涉及高级应用、调度员仿真调度、故障呼叫服务系统和工作票管理系统等。

（1）高级应用功能（Distribution Network Application，DNA）使调度员有能力对各种运行方式下配电网的运行情况进行分析。高级应用包括配电系统网络拓扑管理、网络分析（潮流计算）、网络优化（包括负荷均衡化、面向降低网损的网络重构、电压/无功综合优化等）、短路电流计算等。

（2）调度员仿真调度系统（Dispatcher Training System，DTS）是指通过应用软件对配电网的调度操作进行仿真，用模拟的操作代替真实的操作，用潮流计算的结果代替真实的操作结果的系统。利用仿真调度功能，可以对某些特定的运行状况进行仿真或进行事故预演，也可以对当前实际运行方式进行仿真调度，以便寻求更好的运行方式。随着城乡电网改造的进行，配电网架越来越复杂，仅依赖人的经验已不能很好地完成调度工作，而配电网调度仿真则为科学调度提供了有力保障。

（3）客户呼叫服务系统（Trouble Call System，TCS）对用户的电话投诉进行处理，确定故障范围和类型，帮助检修队及时到达现场排除故障，并报告用户故障处理情况以及预计恢复供电的时间等。当然，客户呼叫服务系统也可以向用户提供有关电费、电价、电力法规和政策、检修停电计划等信息的查询服务。

（4）工作票管理（Works Orders Management，WOM）系统自动生成配电网施工建设、设备维修和巡视、故障处理以及运行方式调整等工作的操作步骤。

参考文献

[1] 王守相，王成山. 现代配电系统分析[M]. 北京：高等教育出版社，2007.

[2] 袁钦成. 配电系统故障处理自动化技术[M]. 北京：中国电力出版社，2007.

[3] 朱家骝. 城乡配电网中性点接地方式的发展及选择[J]. 电力设备，2000，1（3-4）：13-17.

[4] 刘健，倪建立，邓永辉. 配电自动化系统[M]. 北京：中国水利水电出版社，2003.

第3章 配电网单相接地故障分析

3.1 引 言

单相接地故障是配电网最容易发生且最难查找的故障，因此本章将对单相接地故障的稳态、暂态特征做出详细的分析和总结，为后续的故障检测与诊断打下基础。

3.2 配电网单相接地故障稳态分析

所谓单相接地故障是指三相输电导线中的某一相导线因为某种原因直接接地或通过电弧、金属或电阻值有限的非金属接地[1]。对于小电流接地系统，由于中性点非有效接地，当系统发生单相接地故障时，故障点不会产生大的短路电流，但各线路电容电流的分布具有一定的规律，所以通过这种可循的规律就可确定出故障线路。下面分别阐述中性点不接地系统与经消弧线圈接地系统的单相接地的故障机理。

3.2.1 中性点不接地系统单相接地故障分析

电源和负荷的中性点均不接地系统的最简单网络接线示意图如图 3.1 所示。在正常运行情况下，三相对地有相同的电容 C_0，在相电压的作用下，每相都有一超前于相电压 90° 的电容电流流入地中，而三相电容电流之和等于零。假设 A 相发生单相接地短路，在接地点处 A 相对地电压为零，对地电容被短接，电容电流为零，而其他两相的对地电压升高至 $\sqrt{3}$ 倍，对地电容电流也相应地增大至 $\sqrt{3}$ 倍，相量关系如图 3.2 所示，其电容电流分布如图 3.3 所示。

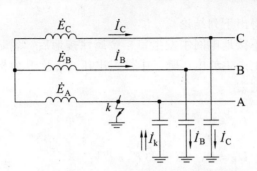

图 3.1 中性点不接地系统的简单网络接线示意图

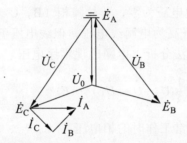

图 3.2 不接地系统发生单相（A 相）接地故障时三相电压、电流相位关系

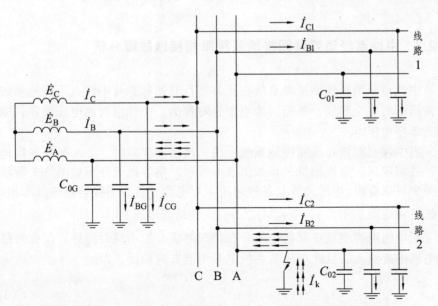

图 3.3 不接地系统发生单相（A 相）接地故障时电容电流分布

由图分析可得出下列结论：

（1）中性点不接地电网中发生单相金属性接地后，忽略负荷电流和电容电流在线路阻抗上产生的电压降，中性点电压 U_N 上升为相电压，A，B，C 三相对地电压分别为

$$\dot{U}_A = 0 \tag{3.1}$$

$$\dot{U}_B = \dot{E}_B - \dot{E}_A = \sqrt{3}\,\dot{E}_A\,e^{-j150°} \tag{3.2}$$

$$\dot{U}_C = \dot{E}_C - \dot{E}_A = \sqrt{3}\,\dot{E}_A\,e^{j150°} \tag{3.3}$$

即故障相（A 相）对地电压为零，非故障相（B，C 相）对地电压升高至正常相电压的 $\sqrt{3}$ 倍，即升高为电网线电压，但线电压仍然保持对称。

（2）根据对称分量法分析，电网出现零序电压

$$\dot{U}_0 = \frac{1}{3}(\dot{U}_A + \dot{U}_B + \dot{U}_C) = -\dot{E}_A \tag{3.4}$$

即零序大小等于电网正常工作时的相电压。

（3）非故障线路零序电流超前零序电压 90°，故障线路零序电流滞后零序电压 90°，即故障线路与非故障线路零序电流相位相差 180°。

3.2.2 中性点经消弧线圈接地系统单相接地故障分析

中性点经消弧线圈接地系统在正常运行时的状态与中性点不接地系统在正常运行时完全相同，各相对地电压是对称的，中性点对地电压为零，电网中无零序电压[2]。

当中性点经消弧线圈接地系统出现单相接地故障时，设 A 相发生接地故障，各相电压、电流相位关系如图 3.4 所示，电容电流分布如图 3.5 所示。从图中可以看出，电压分析及各线路的电容电流分析与不接地系统基本相同，系统电容电流总和为 $\dot{I}_{\Sigma C} = \dot{I}_{01} + \dot{I}_{02} + \dot{I}_{0G}$，并超前电压 90°。

配电网电容电流在网络中的分布情况与没有加电感时一样，仅在短路点有电感电流流入，且此电流与系统电容电流方向相反，即

$$\dot{I}_d = \dot{I}_L + \dot{I}_{\Sigma C} \tag{3.5}$$

式中，$\dot{I}_L$ 为电感支路电流；$\dot{I}_{\Sigma C}$ 为系统总电容电流。

因 I_L 与 $I_{\Sigma C}$ 在相位上相差 180°，迭加后，I_d 在数值上就比 $I_{\Sigma C}$ 小一些，从而减小了接地点的电流，消除接地故障。

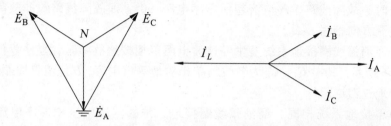

图 3.4 经消弧线圈接地系统单相（A相）接地故障各相电压、电流相位关系

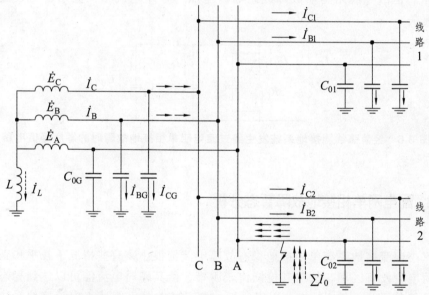

图 3.5 经消弧线圈接地系统单相（A相）接地故障电容电流分布

通过以上分析可得出下列结论：

（1）经消弧线圈接地系统发生单相接地故障时，消弧线圈的两端电压为零序电压；消弧线圈的电流通过故障点和故障线路故障相，不通过非故障线路。

（2）故障线路及非故障线路均通过零序电流。非故障线路总电流 $3I_0$ 等于线路接地电容电流，不受消弧线圈的影响；故障线路零序电流的大小受消弧线圈的影响，等于所有非故障线路电流 $3I_0$ 之和与消弧线圈补偿电流的差。

（3）非故障线路零序电流超前零序电压 90°，不受消弧线圈的影响；故障线路零序电流与零序电压的相位关系受消弧线圈的影响，当系统采用过补偿方法时，故障线路零序电流超前零序电压 90°，即故障线路与非故障线路零序电流方向相同。

当经消弧线圈接地系统发生经过渡电阻单相接地故障时，零序等值电路如图 3.6 所示，其中 $C_1 \sim C_n$ 为各线路单相对地等值电容，L 是消弧线圈电感，R_f 是接地过渡电阻。

与不接地系统相同，经消弧线圈接地系统的零序电压和零序电流大小均受过渡电阻的影响，当 $R_f = 0$ 时零序电压最大，等于电网正常工作时的相电压。但故障线路与非故障线路零序电压与零序电流相位关系仍与过渡电阻无关。

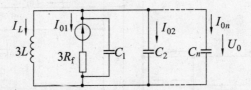

图 3.6   经消弧线圈接地系统发生经过渡电阻单相接地故障时的零序等值电路

3.3   配电网单相接地故障暂态分析

小电流接地系统单相接地稳态故障电流值很小，有些情况下几乎和正常负荷电流没有区别，故对其检测比较困难，但其瞬时电流值可以达到稳态值的几倍甚至几十倍[3]。本节以带消弧线圈系统为例，阐述小电流接地系统单相接地的瞬时过程。

运行中的补偿电网在发生单相接地故障的瞬间，消弧线圈的电感电流在对电网接地电容电流进行补偿的过程中，故障点的接地电流中既存在着工频分量，也存在着高频振荡等分量。为讨论这一瞬时过程，首先应掌握接地电容电流、补偿电流和接地故障电流的瞬时特性。

在补偿电网发生单相接地故障的瞬间，流过故障点的瞬时接地电流由瞬时电容电流和瞬时电感电流两部分组成。两者的频率和幅值显著不同，在瞬时过程中不能相互补偿。此时，在工频电压条件下导出的残余电流、失谐度和谐波等概念不再适用。

3.3.1 等值回路

在补偿电网中发生单相接地故障的瞬间，可以利用如图 3.7 所示的等值电路分析流过故障点的瞬时电容电流、瞬时电感电流和瞬时接地电流。

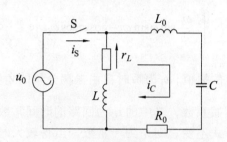

图 3.7 单相接地瞬时电流的等值回路

该等值回路适用于分析补偿电网中各种单相接地故障瞬间的瞬时过程。当发生单相金属性接地时，图中的 R_0 和 L_0 可根据三相线路和电力变压器的参数进行计算，同时瞬时接地电流最大，情况最为严重。

3.3.2 瞬时电容电流

在分析电容电流的瞬时特性时，因其自由振荡频率一般较高，考虑到消弧线圈的电感 $L \gg L_0$，故图 3.7 中的 r_L 与 L 可以不予考虑。这样，利用 L_0，C，R_0 组成的串联回路和作用于其上的零序正弦电源电压 u_0，便可以确定瞬时电容电流 i_C。根据图 3.7 不难写出微分方程式

$$R_0 i_C + L_0 \frac{\mathrm{d}i_C}{\mathrm{d}t} + \frac{1}{C}\int_0^t i_C \mathrm{d}t = U_{\varphi \mathrm{m}}\sin(\omega t + \varphi) \tag{3.6}$$

当 $R_0 < 2\sqrt{\dfrac{L_0}{C}}$ 时，回路电流具有周期性的振荡及衰减特性；当 $R_0 > 2\sqrt{\dfrac{L_0}{C}}$ 时，回路电流则具有非周期性的振荡衰减特性，并逐渐趋于稳定状态。因为架空线路的波阻抗通常为 $250 \sim 500\,\Omega$，同时，故障点的接地电阻一般较小，弧光电阻又可以忽略不计，故一般都满足 $R_0 < 2\sqrt{\dfrac{L_0}{C}}$ 的条件，所以电容电流具有周期性的衰减振荡特性，其自由振荡频率一般为 $300 \sim 1\,500\,\mathrm{Hz}$。电缆线路的电感比架空线小，而对地电容却比后者大许多倍，故电容电流瞬时过程的

振荡频率很高、持续时间很短，其自由振荡频率一般为 1 500～3 000 Hz。

因为瞬时电容电流 i_C 是由瞬时自由振荡分量 $i_{C.os}$ 和稳态工频分量 $i_{C.st}$ 两部分组成的，利用 $t=0$ 时 $i_{C.os}+i_{C.st}=0$ 这一初始条件和 $I_{Cm}=U_{\varphi m}\omega C$ 的关系，经过拉氏变换等运算可得

$$i_C = i_{C.os} + i_{C.st} = I_{Cm}\left[\left(\frac{\omega_f}{\omega}\sin\varphi\sin\omega t - \cos\varphi\cos\omega_f t\right)e^{-\delta t} + \cos(\omega t+\varphi)\right] \qquad (3.7)$$

式中，i_{Cm} 为电容电流的幅值；ω_f 为瞬时自由振荡分量的角频率；$\delta = \dfrac{1}{\tau_C} = \dfrac{R_0}{2L_0}$，为自由振荡分量的衰减系数，其中的 τ_C 为回路的时间常数。

若系统的运行方式不变，则 τ_C 为一常数。当 τ_C 较大时，自由振荡衰减较慢；反之，衰减较快。因为式（3.7）中的自由振荡分量 $i_{C.os}$ 中含有 $\sin\varphi$ 和 $\cos\varphi$ 两个因子，故从理论上讲，在相角 φ 为任意值时发生接地故障，均会产生自由振荡分量。当 $\varphi=0$ 时，其值最小；当 $\varphi=\pi/2$ 时，其值最大。

当故障相在电压达到峰值（即 $\varphi=\pi/2$）时接地，电容电流的自由振荡分量的振幅出现最大值 $i_{C.osmax}$，时间 $t=T_f/4$，故

$$i_{C.os\,max} = I_{Cm}\frac{\omega_f}{\omega}e^{\frac{T_f}{4\tau_C}} \qquad (3.8)$$

或比值：

$$r_{C\,max} = \frac{\omega_f}{\omega}e^{\frac{T_f}{4\tau_C}} \qquad (3.9)$$

由式（3.9）可知，瞬时自由振荡电流分量的最大幅值 $i_{C.osmax}$ 与自由振荡角频率 ω_f 和工频角频率 ω 之比 ω_f/ω 成正比，比值越大，r_{Cmax} 越高。

当故障相在电压为零值时接地，瞬时自由振荡电流的幅值最小，并在 $t=T_f/2$ 时出现，该自由振荡电流分量的最小值为

$$i_{C.os\,min} = I_{Cm}e^{\frac{T_f}{2\tau_C}} \qquad (3.10)$$

或比值：

$$r_{C\,min} = e^{\frac{T_f}{2\tau_C}} \qquad (3.11)$$

由式（3.11）可知，此时瞬时电容电流的自由振荡分量恰好与工频电容

电流的幅值相等。因此，当 $\varphi = 0$ 时发生单相接地，就不会产生瞬时电容电流分量。

配电网的结构、大小和运行方式不同，会引起瞬时过程的改变。中压电网的自由振荡频率的变化范围一般为 300～3 000 Hz。线路越长，自由振荡频率越低，瞬时电容电流的自由振荡分量的幅值也会越低，同时自由振荡的持续时间一般也会减少到半个工频周波左右。

3.3.3 瞬时电感电流

根据非线性电路的基本理论，瞬时过程中的铁芯磁通的表达式与铁芯不饱和时的相同，因此，只要求出瞬时过程中消弧线圈的铁芯磁通表达式，消弧线圈中的电感电流便可得出。

根据等值回路，不难写出微分方程式为

$$U_{\varphi m} \sin(\omega t + \varphi) = r_L i_L + N \frac{\mathrm{d}\varPhi_L}{\mathrm{d}t} \tag{3.12}$$

式中，N 为消弧线圈相应分接头的线圈匝数；$\varPhi_L$ 为消弧线圈铁芯中的磁通。

在补偿电流的工作范围内，消弧线圈的磁化特性应保持线性关系，即 $i_L = \dfrac{N}{L} \varPhi_L$。假定三相对地电容彼此相等，故在接地故障开始前，消弧线圈中没有电流通过，即 $\varPhi_L$ 为零。利用这一初始条件，同时将 i_L 值代入式（3.12），便可求出磁通 $\varPhi_L$ 的方程为

$$\varPhi_L = \varPhi_{\mathrm{st}} \frac{\omega L}{Z} \left[\cos(\varphi + \xi) \mathrm{e}^{\sqrt{\frac{t}{\tau_L}}} - \cos(\omega t + \varphi + \xi) \right] \tag{3.13}$$

式中，$\varPhi_{\mathrm{st}} = \dfrac{U_{\varphi m}}{\omega N}$，为稳态状态时的磁通；$\xi = \arctan \dfrac{r_L}{\omega L}$，为补偿电流的相角；$Z = \sqrt{r_L^2 + (\omega L)^2}$，为消弧线圈的阻抗；$\tau_L$ 为电感电路的时间常数。

因 $r_L \gg \omega L$，故可取 $Z \approx \omega L$，$\xi = 0$。考虑到 $\varPhi_L = \varPhi_{\mathrm{os}} + \varPhi_{\mathrm{st}}$，式（3.13）可化简为

$$\varPhi_L = \varPhi_{\mathrm{st}} \left[\cos\varphi \mathrm{e}^{\frac{1}{\tau_L}} - \cos(\omega t + \varphi) \right] \tag{3.14}$$

根据式（3.14），考虑到 $i_L = i_{L.dc} + i_{L.st}$ 和 $I_{Lm} = \dfrac{U_{\varphi m}}{\omega L}$，便可写出瞬时电感电流 i_L 的表达式

$$i_L = I_{Lm}\left[\cos\varphi e^{\frac{1}{\tau_L}} - \cos(\omega t + \varphi)\right] \tag{3.15}$$

消弧线圈的磁通 Φ_L 和电感电流 i_L 均是由瞬时的直流分量和稳态的交流分量组成的，而瞬时过程的振荡角频率与电源的角频率相等，且电感电流幅值与接地瞬间电源电压的相角 φ 有关。当 $\varphi = 0$ 时，其值最大；当 $\varphi = \pi/2$ 时，其值最小。若在 $\varphi = 0$ 时发生接地故障，经过半个工频周波，Φ_L 和 i_L 均达到最大值，两者分别为

$$\Phi_{L\max} = \psi_{L.st}\left(1 + e^{-\frac{r_L}{\omega L}}\right) \tag{3.16}$$

$$i_{L\max} = I_{L.st}\left(1 + e^{-\frac{r_L}{\omega L}\pi}\right) \tag{3.17}$$

考虑到 $\sigma_L = \Phi_{L\max}/\Phi_L$ 和 $r_L = i_{L\max}/I_{Lm}$，可得两者的最大幅值与稳定幅值之比，即

$$\sigma_L = r_L = \left(1 + e^{-\frac{r_L}{\omega L}\pi}\right) \tag{3.18}$$

因消弧线圈的有功损耗约为其补偿容量的 1.5%～2.0%，即 $r_L/\omega L = 1.5\% \sim 2.0\%$，故 $\sigma_L = r_L \approx 1.95$。但实际上，消弧线圈的铁芯可能饱和，首半波的最小瞬时自感系数 $L_{\min}$ 与稳态自感系数 L 之比应取

$$\frac{L_{\min}}{L} = \frac{\Phi_{L\max}}{\Phi_{L.st}} \times \frac{i_L}{i_{L\max}} = \frac{\sigma_L}{r_L} \tag{3.19}$$

此时 $r_L > \sigma_L$。关于 r_L 的具体数值，可根据所用消弧线圈的磁化曲线确定。根据实测结果 $r_L = 2.5 \sim 4$，所以，首半波的最小自感系数 $L_{\min}$ 为

$$L_{\min} = L\frac{\sigma_L}{r_L} = (0.8 \sim 0.5)L \tag{3.20}$$

消弧线圈的铁芯在饱和状态下，其电感电流中便会有瞬时直流分量，进而加剧了饱和程度，使电感量进一步下降，因而时间常数也随之减小，如此

便加速了直流分量的衰减。利用由式（3.13）求出的磁通随时间的变化曲线，再从磁化特性曲线上查出与该磁通对应的电流值，便可求出电感电流的变化过程。

运行中的补偿电网，在正常情况下存在一定的位移度（$u_0 < 15\%$），即 $\varPhi_L(0) \neq 0$，当 $\varPhi_L(0)$ 的方向与瞬时过程的 $\varPhi_L$ 同相时，将会使 σ_L 和 r_L 同时增大。假定 $u_0 = 10\%$ 时，则 $\sigma_L = 2.05$，$r_L = 5 \sim 6$；若 u_0 大于上述数值，则 r_L 的数值还会有所增大。

此外，由于消弧线圈铁芯的饱和，电感电流中不可避免地会有一定的高次谐波分量，其值随铁芯饱和程度而定。若其伏安特性曲线在 $1.15U_\varphi$ 以下保持线性关系，则补偿电流中的高次谐波分量可以忽略不计。理论分析和实验结果表明，电感电流瞬时过程的长短与接地瞬间的电压相角有关。若 $\varphi = 0$，则电感电流的直流分量较大，时间常数较小，大约在一个工频周期内即可衰减完毕。若 $\varphi = \pi/2$，则瞬时直流分量较小，时间常数增大，一般为 $2 \sim 3$ 个周波，而且其频率和工频相同。

3.3.4 瞬时接地电流

瞬时接地电流由瞬时电容电流和瞬时电感电流叠加而成，其特性随两者具体情况而定。从上述分析可知，虽然 r_C 与 r_L 相差不大，但频率却相差悬殊，故两者不可能相互补偿。在瞬时过程的初始阶段，瞬时接地电流的特性主要由瞬时电容电流的特性所确定。为了平衡瞬时电感电流的直流分量，瞬时接地电流中产生了与之大小相等、方向相反的直流分量，它虽不会改变接地电流首半波的极性，但对幅值有明显的影响。

关于瞬时接地电流 i_d 的数学表达式，可由前述导出，表达式为

$$i_d = i_C + i_L$$
$$= (I_{Cm} - I_{Lm})\cos(\omega t + \varphi) +$$
$$I_{Cm}\left(\frac{\omega_f}{\omega}\sin\varphi\sin\omega t - \cos\varphi\cos\omega_f t\right)e^{\frac{t}{\tau_C}} + I_{Lm}\cos\varphi e^{\frac{t}{\tau_L}} \quad (3.21)$$

式（3.21）中第一项为接地电流稳态分量，等于稳态电容电流和稳态电感电流的幅值之差；其余为接地电流的瞬时分量，其值等于电容电流的瞬时自由振荡分量与电感电流的瞬时直流分量之和，即

$$i_{\text{d.os}} = i_{C.\text{os}} + i_{L.\text{dc}} = I_{Cm}\frac{\omega_0}{\omega}\sin(\omega_0 t + \varphi)e^{-\frac{t}{\tau_C}} + I_{Cm}\cos\varphi e^{-\frac{t}{\tau_C}} \quad\quad (3.22)$$

式（3.22）表明，两者的幅值不仅不能相互抵消，甚至还可能彼此叠加，使瞬时接地电流的幅值明显增大。

综上所述，当配电网发生单相接地故障时，在故障点有衰减很快的瞬时电容电流和衰减较慢的瞬时电感电流流过。不论电网的中性点为经消弧线圈接地还是不接地方式，瞬时接地电流的幅值和频率均主要由瞬时电容电流确定，其幅值同时和初始相角有关。利用其首半波的极性与零序电压首半波的极性之间的固定关系，可以选出故障线路。瞬时接地电流的幅值虽然很大，可是持续时间很短，为 0.5～1.0 个工频周波。至于瞬时过程中的电感电流，其直流分量的初始值同时与初始相角、铁芯的饱和程度有关。瞬时电感电流的频率与工频相同，持续时间一般可达 2～3 个工频周波。为平衡该直流分量，接地电流中也伴随着大小相等、方向相反的直流分量，它只增大瞬时接地电流的幅值。

3.4 故障模量分析

3.4.1 三相系统的相模变换

对于三相系统，由于各相线路间存在电磁耦合，直接在相域分析单相接地故障时的暂态过程十分困难。因此一般需要通过坐标变换，将相域系统变换为没有电磁耦合的模域系统。

常用的对称分量变换用于分析暂态过程时，使分析过程较为复杂；双轴变换（由 R. H. Park 提出，故又称派克变换）主要用于分析对称故障；瞬时值对称分量变换的结果为复数，没有明确的物理意义；克拉克（E. Clarke）变换在分析单相接地故障时不能获得简单的故障模型结构。因此，可采用卡伦鲍厄（Karrenbauer）变换，将三相系统变化为 0 模、α模、β模系统。

1. 相模变换矩阵

相模变换矩阵的确定与线路是否为平衡线路有关。对于平衡线路，其参数矩阵 Z 和 Y 均为平衡对称矩阵，即 $ZY = YZ$ 也为平衡对称矩阵。因而相模变换矩阵 T_m 与具体线路参数无关，为常数矩阵。

虽然配电网的换位并不充分，三相线路有较大的不平衡性，但为了分析方便，本节依然将其按照平衡线路考虑。

平衡线路的相模变换有多种形式，本节统一采用卡伦鲍厄变换，其变换矩阵为

$$T_m = \begin{bmatrix} 1 & 1 & 1 \\ 1 & -2 & 1 \\ 1 & 1 & -2 \end{bmatrix} \tag{3.23}$$

变换后的分量分别称为 0 模、α模、β模，α模和β模统称为线模分量。

采用卡伦鲍厄变换的主要原因是：在单相接地故障时，利用边界条件可以方便地将 0 模、α模和β模分量网络简单地连接，其连接形式完全等同于对称分量变换时的序网图。三相电流的 0 模、α模和β模分量在水平布置三相线路上的分布如图 3.8 所示[4]。

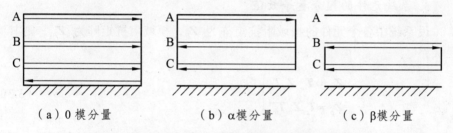

（a）0 模分量　　　　　（b）α模分量　　　　　（c）β模分量

图 3.8　模电流分量在水平布置三相线路上的分布

2. 相电压与模电压、相电流与模电流的关系

设相电压 U_p 和相电流 I_p 分别为

$$U_p = \begin{bmatrix} u_A \\ u_B \\ u_C \end{bmatrix}, \quad I_p = \begin{bmatrix} i_A \\ i_B \\ i_C \end{bmatrix} \tag{3.24}$$

模电压 U_m 和模电流 I_m 分别为

$$U_m = \begin{bmatrix} u_0 \\ u_\alpha \\ u_\beta \end{bmatrix}, \quad I_m = \begin{bmatrix} i_0 \\ i_\alpha \\ i_\beta \end{bmatrix} \tag{3.25}$$

则相电压与模电压关系为

$$U_p = T_m U_m \tag{3.26}$$

即

$$\begin{bmatrix} u_A \\ u_B \\ u_C \end{bmatrix} = \begin{bmatrix} 1 & 1 & 1 \\ 1 & -2 & 1 \\ 1 & 1 & -2 \end{bmatrix} \begin{bmatrix} u_0 \\ u_\alpha \\ u_\beta \end{bmatrix} \qquad (3.27)$$

相应地，相电流与模电流之间的关系为

$$I_p = T_m I_m \qquad (3.28)$$

即

$$\begin{bmatrix} i_A \\ i_B \\ i_C \end{bmatrix} = \begin{bmatrix} 1 & 1 & 1 \\ 1 & -2 & 1 \\ 1 & 1 & -2 \end{bmatrix} \begin{bmatrix} i_0 \\ i_\alpha \\ i_\beta \end{bmatrix} \qquad (3.29)$$

3. 系统元件的模分量等效值

设系统中各个元件的相域阻抗矩阵为 Z_p，模域阻抗矩阵为 Z_m，则其满足关系

$$\left. \begin{aligned} Z_m &= T_m^{-1} Z_p T_m \\ Z_p &= T_m Z_m T_m^{-1} \end{aligned} \right\} \qquad (3.30)$$

设平衡矩阵 Z_p 的对角元素为 z_d，非对角元素为 z_{0d}，则 Z_m 为对角矩阵，且

$$Z_m = \begin{bmatrix} z_d + 2z_{0d} & 0 & 0 \\ 0 & z_d - z_{0d} & 0 \\ 0 & 0 & z_d - z_{0d} \end{bmatrix} \qquad (3.31)$$

可见，各个元件的 0 模、α模和β模等效参数与零序、正序及负序等效参数完全相同。

根据对称分量法的变换公式和相模变换公式，三相系统的零序分量与零模分量不仅参数和电气特征完全一致，其物理含义也相同，在叙述上对二者不加区分。

3.4.2　单相接地故障时模分量等效图

单相（设为 A 相）接地时，从故障点看，整个系统 0 模、α模和β模的两

端等效网络如图 3.9 实线部分所示。与对称分量法中只有正序网络有等效电源不同，α模、β模网络中均有等效电源 $\dot{E}_{\alpha s}$，$\dot{E}_{\beta s}$：

$$\left.\begin{array}{l} \dot{E}_{\alpha s} = \dfrac{1}{3}(\dot{E}_A - \dot{E}_B) = \dfrac{\sqrt{3}}{3}\dot{E}_A\, e^{j30°} \\[3mm] \dot{E}_{\beta s} = \dfrac{1}{3}(\dot{E}_A - \dot{E}_C) = \dfrac{\sqrt{3}}{3}\dot{E}_A\, e^{-j30°} \end{array}\right\} \tag{3.32}$$

故障点的边界条件为

$$\left.\begin{array}{l} u_A = 0 \\[2mm] i_B = i_C = 0 \end{array}\right\} \tag{3.33}$$

式中，u_A 为故障点 A 相对地电压；i_B，i_C 分别为故障点 B 相、C 相对地电流。

结合相电压与模电压、相电流与模电流关系式（3.27）和式（3.29），可得

$$\left.\begin{array}{l} u_0 + u_\alpha + u_\beta = 0 \\[2mm] i_0 = i_\alpha = i_\beta = \dfrac{1}{3}i_A \end{array}\right\} \tag{3.34}$$

式中，u_0，u_α，u_β 分别为故障点三相对地电压的 0 模、α模、β模分量；i_0，i_α，i_β 分别为故障点三相对地电流的 0 模、α模、β模分量。

因此，可以将各个模分量用虚线连接，如图 3.9 所示。

设整个系统为线性系统，根据故障分析理论，故障后分量 [见图 3.9（a）] 可以等效为一个正常分量[见图 3.9（b）]和一个故障分量[见图 3.9（c）]之和。

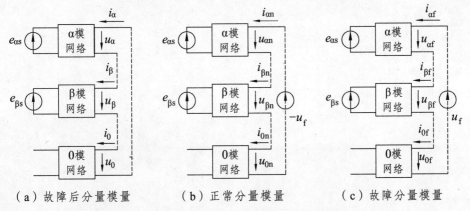

（a）故障后分量模量　　　　（b）正常分量模量　　　　（c）故障分量模量

图 3.9　单相接地故障模量分解图

图中，u_f 为故障点虚拟电源，等效故障点故障前的反相电压；$u_{\alpha n}$，$u_{\beta n}$，u_{0n} 和 $u_{\alpha f}$，$u_{\beta f}$，u_{0f} 分别为 u_α，u_β，u_0 的正常分量和故障分量；$i_{\alpha n}$，$i_{\beta n}$，i_{0n} 和 i_α，$i_{\beta f}$，i_{0f} 分别为 i_α，i_β，i_0 的正常分量和故障分量。图 3.9 中，还满足关系

$$\left.\begin{aligned} i_0 = i_\alpha = i_\beta = i_{0f} = i_{\alpha f} = i_{\beta f} \\ i_{0n} = i_{\alpha n} = i_{\beta n} = 0 \end{aligned}\right\} \tag{3.35}$$

$$\left.\begin{aligned} u_0 &= u_{0n} + u_{0f} \\ u_\alpha &= u_{\alpha n} + u_{\alpha f} \\ u_\beta &= u_{\beta n} + u_{\beta f} \end{aligned}\right\} \tag{3.36}$$

即图 3.9（b）完全等效为系统正常工作状态，而故障产生的电气特征均体现在图 3.9（c）中。对单相接地故障时的系统进行上述相模变换后，可以对每一个模分量按照单相线路进行分析。

参考文献

[1] 王守相，王成山. 现代配电系统分析[M]. 北京：高等教育出版社，2007.

[2] 贺家李，宋从矩. 电力系统继电保护原理[M]. 北京：中国水利水电出版社，2003.

[3] 韩帧祥. 电力系统分析[M]. 浙江：浙江大学出版社，2005.

[4] 束洪春. 配电网络故障选线[M]. 北京：机械工业出版社，2008.

第4章 配电网故障选线

4.1 引 言

如前所述,我国在电压等级为 6～66 kV 的配电网中广泛采用中性点不接地或者经消弧线圈接地的方式,这种系统属于小电流接地系统。小电流接地系统包括中性点不接地系统、中性点经消弧线圈接地系统（又称谐振接地系统）、中性点经电阻接地系统。

小电流接地系统的故障绝大多数是单相接地短路故障,其显著特征是在发生单相接地故障时不形成低阻抗短路回路,故障电流非常小,保护装置不需要立即动作跳闸,允许保持供电 1～2 h,从而提高了系统运行可靠性。尤其在瞬时故障条件下,短路点可以自行灭弧、恢复绝缘,这对保证供电的连续性具有非常积极的意义。但随着系统容量的增长、馈线的增多,尤其是电缆线路的大量使用,系统电容电流增大,长时间运行可能会发展成两相短路,也容易诱发持续时间长、影响面广的间歇电弧过电压,进而损坏设备,破坏系统运行安全。为避免上述情况的发生,应尽快找到故障线路并排除故障。因此,研究小电流接地系统单相接地故障选线技术对提高供电可靠性、连续性,保证供电部门和用户的经济效益具有重要的意义。

20 世纪 80 年代以来,随着微机技术的不断成熟,多种微机在线自动选线装置被研制出来。90 年代初期,选线装置的研制达到了高峰,大量选线装置投入运行。虽然各厂家都宣称自己的装置选线准确,但从用户方面反馈的意见却是选线效果普遍不好,退出率达到 90% 以上,不得不退回到原始的手动逐条线路拉线的选线方法。这说明目前的选线技术并不成熟,所以非常有必要对小电流接地选线进行更加深入、细致地研究。

配电网故障选线的目的是当小电流接地系统发生单相接地故障时,准确地选择出故障线路。现有故障选线原理[1-5],按照利用信号方式的不同可分为基于故障稳态信息的选线方法、基于故障暂态信息的选线方法、基于注入信号的选线方法和基于故障综合信息的选线方法。

4.2 基于故障稳态信息的选线方法

4.2.1   零序电流比幅法

在中性点不接地系统发生单相接地故障时，流过故障元件的零序电流在数值上等于所有非故障元件对地电容电流之和，即故障线路上的工频零序电流幅值比健全线路上的大。利用这一特性，可判定工频零序电流幅值最大的线路为故障线路。但当系统中某一线路远长于其他线路时，其分布电容与系统总的分布电容相差不大，或接地点过渡电阻较大时，该方法检测灵敏度较低，容易发生误判，并且难以排除电流互感器（TA）不平衡电流的影响。

4.2.2   零序电流比相法

在中性点不接地系统中，故障线路上的零序电流方向从线路流向母线，而健全线路上的零序电流方向则是从母线流向线路。利用故障线路上的工频零序电流方向与健全线路上的相反这一特点，可判定与其他线路电流相位相反的线路为故障线路。但是当线路较短、零序电流较小时，该方法容易产生"时针效应"造成误判，且易受过渡电阻、不平衡电流的影响。

4.2.3   零序电流群体比幅比相法

为了克服小电流接地系统单相接地电容电流的随机性，避免接地电阻、运行方式、电压水平和负荷的影响，使动作值具有随动系统的特点，人们提出了群体比幅比相的选线方法。该方法是先选出零序电流幅值较大的若干条线路，再比较其相位，选出与其他线路电流方向相反的线路，判定其为故障线路。该方法在一定程度上克服了零序电流幅值法和相位法的缺陷，但没有从根本上解决这两种方法存在的问题，仍然不能避免电流互感器不平衡电流及过渡电阻的影响，"时针效应"仍可能存在。

4.2.4 有功分量法

使用自动跟踪消弧电抗器的中性点经消弧线圈接地系统中,可利用消弧线圈串联非线性电阻 R_n 的特点选出故障线路。在发生接地故障后,且在 R_n 被短接之前,健全线路不与消弧线圈构成低阻抗回路,故其零序电流为本身接地电容电流。而故障线路经接地点 f 与消弧线圈构成低阻抗回路,所以其零序电流为所有健全线路的电容电流及 LR 串联支路的电流的向量和。即包含有流过 R_n 的有功功率实质为故障回路消耗的能量,且故障线路上的有功电流明显大于健全线路上的。因此,通过检测各线路零序电流中的有功分量的大小,即可选出故障线路。但有时接地电流中的有功分量较小,检测困难,且仍然受 TA 不平衡电流的影响。

4.2.5 最大 $I\sin\varphi$ 或 $\Delta(I\sin\varphi)$ 法

为消除电流互感器不平衡电流的影响,可采用最大 $I\sin\varphi$ 或 $\Delta(I\sin\varphi)$ 选线方法。单相接地时零序电压、电流相位关系如图 4.1 所示。该方法是通过选择一中间参考信号,使各线路故障前的零序电流对故障母线在故障后的 $\dot{U}_0$ 也能找出相位关系,由此再把所有线路故障前后的零序电流都投影到故障线路的零序电流 $\dot{I}_{0f}$ 的理论方向上,然后计算各个线路故障前后零序电流的投影差值,选择差值最大者为故障线路。这种方法的本质是寻求零序无功功率的代数突变量。该方法理论上消除了 TA 不平衡电流的影响,但计算过程中需要取一参考信号,若该信号出问题将造成算法失效,并且计算过程中需求出有关相量的相位关系,计算量大。

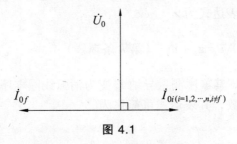

图 4.1

4.2.6 谐波分量法

故障阻抗、线路设备等其他非线性因素会在系统中产生谐波电流,其中以 5 次谐波分量为主。中性点经消弧线圈接地系统中，消弧线圈是按照基波整定的，即有 $\omega L \approx 1/\omega C$ 和 $5\omega L \gg 1/5\omega C$，可忽略消弧线圈对 5 次谐波的补偿作用，因此一般条件下故障线路的 5 次谐波电流比非故障线路的大且方向相反，但是接地电流中谐波分量较小且易受电流互感器不平衡电流的影响，难以检测。为克服单次谐波信号小的缺点，有人提出各次谐波综合法，即将零序电流 3、5、7 等多次谐波分量求和后再根据 5 次谐波理论进行选线，但由于谐波次数越高，幅值越小，因此该方法效果仍然不太明显。

4.2.7 其他方法

1. DESIR 法

在中性点经消弧线圈接地系统中利用 DESIR 法选择故障线路时，首先提取各条线路和消弧线圈的零序电流基波有功分量，算出故障点的残余有功电流（所有线路零序有功电流的向量和），然后选取该电流向量的垂直线作为参考轴，比较所有线路的零序电流基波在此参考轴上的投影量，最后判定投影幅值最大且方向与其他线路相反的线路为故障线路。该方法要求测量消弧线圈的电流，导致其易受电流互感器测量误差的影响，为提高接地电流的强度，有时会特意给消弧线圈串、并联接地电阻以增大有功分量，但此方法容易造成事故扩大。

2. 零序导纳法

在中性点经消弧线圈接地系统中，电网正常运行时的零序回路，每条馈线的零序导纳 $\dot{Y}_0$ 为线路的自然导纳，由线路的对地电容电纳 b 和泄漏电导 g 均为正数组成，其表达式为

$$\dot{Y}_{0k} = g_k + jb_k \quad （\text{第 } k \text{ 条馈线}） \tag{4.1}$$

该线路单相接地时，其零序测量导纳 $\dot{Y}_0'$ 变为消弧线圈零序导纳与非故障线路零序导纳之和的负数，其表达式可简化为

$$\dot{Y}_{0k}' = -\left(g_L + \sum_{\substack{i=1 \\ i \neq k}}^{n} g_i \right) - j\left(\upsilon \sum_{i=1}^{n} b_i - b_k \right) \tag{4.2}$$

式中，υ 为系统脱谐度；n 为电网馈线数；g_L 为消弧线圈电导。

对比式（4.1）和（4.2）可以看出，不论补偿脱谐度是为正或为负还是为零，接地前后零序导纳的电导部分符号均发生了变化，因此可以通过零序导纳数值在导纳平面上的分布判断是否发生接地故障：正常线路的零序导纳在第 1 象限，故障线路的零序导纳在 2、3 象限，如图 4.2 所示。该方法灵敏度较高，但需要与消弧线圈配合使用，不适用于不接地或消弧线圈不能自动调谐的系统。

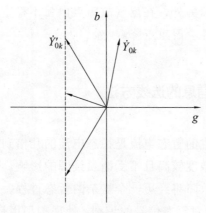

图 4.2 零序导纳分布图

3. 残留增量法

在中性点经消弧线圈接地系统中，发生单相永久性接地故障时，改变消弧线圈的失谐度，则只有故障线路中的零序电流（故障点残余电流）会随之改变。因此，通过对比各条馈线在失谐度改变前后的零序电流的变化，可判定变化量最大的为故障线路。该方法可消除 TA 等带来的测量误差，灵敏度及可靠性较高，其缺点是需要配合自动调谐消弧线圈使用，且刻意要求消弧线圈脱挡调节。

4. 负序电流法

小电流接地系统发生单相接地故障时，有负序电流产生。负序电流由故障点流向电源及健全线路，故障点负序电流大小等于流向电源的负序电流与流向线路的负序电流之和。因此，通过比较各线路的负序电流的大小和方向，可判定负序电流最大且方向与其他线路相反的线路为故障线路。该方法不受弧光接地的影响，且抗过渡电阻能力强，但受系统不对称度和负荷的影响较大，另外负序电流的获取也较为困难。

4.2.8 小 结

综上所述，基于稳态信息的选线方法的优点是稳态信号持续时间长，可以连续多次运用稳态信息选线并综合判断，从而保证选线的准确率。同时，其缺点也非常明显：部分选线方法的应用受到中性点接地方式、线路长度、过渡电阻大小的影响，且稳态信号的幅值较小，易受互感器测量误差和噪声影响，影响选线精度；另外，在出现故障点电弧不稳定、间歇性接地故障等情况时，选线的准确性会严重下降。

4.3 基于故障暂态信息的选线方法

单相接地故障产生的暂态电流是稳态电流的几倍到几十倍，利用暂态电流信号的选线方法灵敏度较高且不受消弧线圈的影响。中性点经消弧线圈接地系统发生单相接地故障将经历一个复杂的暂态过程，其暂态特征蕴涵了丰富的故障信息。因此，对暂态信号的识别、处理和利用是实现暂态原理选线、克服稳态选线方法不足的关键。

4.3.1 首半波法

首半波原理是基于接地故障发生在相电压接近最大值的瞬间这一假设的，此时故障相电容通过故障相线路向故障点放电，故障线路分布电容和分布电感具有衰减振荡特性，该电流不经过消弧线圈，所以接地故障发生在相电压过零的瞬间时，暂态电感电流的最大值出现而故障发生在相电压接近于最大值的瞬间时，暂态电感电流为零，此时的暂态电容电流比暂态电感电流大得多。不论是中性点不接地系统还是中性点经消弧线圈接地系统，故障发生瞬间的暂态过程近似相同。利用故障线路暂态零序电流和电压首半波的幅值和方向均与正常情况不同的特点，即可实现选线。该方法可检测不稳定接地故障，但极性关系成立的时间很短，要求检测装置的数据同步采样速度快；同时，该方法易受线路参数、故障初相角等因素的影响。

4.3.2　基于小波变换的暂态零序电流比较法

　　小波分析在时域和频域同时具有良好的局部化性质，使得它比傅里叶分析及短时傅里叶分析更为精确可靠，对具有奇异性、瞬时性的故障信号检测也更加准确。利用小波变换对信号进行精确分析，能可靠地提取出暂态突变信号和微弱信号的故障特征。基于小波（包）变换的暂态零序电流比较法是把一个信号分解成不同尺度和位置的小波之和，选用合适的小波和小波基对暂态零序电流进行小波变换，利用一定的后处理方法提取故障暂态过程中包含的特征信息（幅值、相位），根据故障线路的暂态特征分量的幅值包络线高于健全线路，且二者极性相反的关系选择故障线路。该方法不会出现因干扰和测量误差而导致故障特征被湮没的情况，可以提高故障选线的灵敏性和可靠性。但由于暂态过程的持续时间短且暂态信号受故障时刻等多种因素影响而呈现出随机性、局部性和非平稳性等特点，使得暂态信号记录和分析手段的受到了一定地限制。

4.3.3　Prony 算法

　　Prony 算法是一种用指数项拟合模型的频谱分析的方法，对于接地故障电流的分析具有很高的准确性。小电流接地系统发生接地故障时，故障电流暂态分量的频率、幅值、阻尼和相位等参数与故障特征有明显的相关性。利用 Prony 算法准确地提取故障暂态信号中起主导作用的暂态主频信号，人们提出了基于 Prony 算法的暂态主频导纳故障选线新原理，它通过比较故障线路与非故障线路暂态主频导纳幅值和相位的不同进行选线。该方法选线准确性较高，但具有计算量较大的缺点。

4.3.4　能量法

　　由于故障分量系统是一个单激励网络，并为无源网络，故障前各个元件的电压电流初始值为零。发生单相接地故障，相当于在 $t=0$ 时刻给故障分量系统加了一个电压源，故障分量系统中所有元件吸收和消耗的能量均由此电源提供。显然健全线路消耗的零序能量为正，而故障线路提供的零序能量为负，并且所有健全线路（包括消弧线圈）的零序能量之和等于故障线路的零序能量。基于零序暂态能量的特点，故障线路的零序暂态能量总是小于零，而健全线路的零序暂态能量总是大于零。由于能量函数本质上是瞬时视在功率的累积，但由于接地电流中有功分量较小，且积分函数易将一些固定误差累积，采用该方法选择故障线路的实际效果并不理想。

综上所述，基于故障暂态信息的选线方法是近年兴起的研究热点，其主要优点是故障发生时的暂态信号往往强于稳态信号，特征量明显，灵敏度高，并且基本不受中性点接地方式的影响；其缺点是暂态信号的持续时间短，对有效提取故障发生时的特征信息并迅速地判别故障提出了很高的要求，使其应用受到了很大的限制。

4.3.5　基于暂态信息的故障选线方法的应用举例[1]

1. 基于小波包能量的选线方法

（1）选线原理。

对从零序电流互感器或零序电流滤波器获得的故障暂态电流进行小波包分解，其实质是让信号通过一组高低通组合的共轭正交滤波器组，不断地将信号划分到不同的频段上，滤波器组每作用一次，采样间隔增加一倍，数据点数则减半。

按照适当的频带宽度，采用小波包分解故障暂态信号采样序列，按照式（4.3）计算分解后得到各频带信号对应的能量。

$$\varepsilon = \sum_{i=1}^{n} \left[w_k^{(j)}(i) \right]^2 \tag{4.3}$$

式中，$w_k^{(j)}(i)$ 为小波包分解第（j，k）子频带下的系数，每个子频带下共有 n 个系数。

采用小波包对暂态信号零序电流作多分辨率分析，除去工频所在的最低频带（4，0）后，选择能量最大的高频频带作为特征频带。特征频带中包含了暂态电容电流的主要特征，可根据特征频带来获取暂态电容电流的主要特征，进而利用暂态零序电容电流的 $i_{C.osmax}$ 与零序电压的首半波之间的相位关系来进行故障选线[4]。

（2）仿真分析。

暂态电容电流的自由振荡频率一般是 300～1 500 Hz。所以，此处取采样频率为 6.4 kHz，即可识别的最大频率是 3 200 Hz，基本上可以满足采集暂态电容电流自由振荡频率的要求。在小波函数和分解层数的选取上，为了减小频谱的泄漏和混叠，要求小波函数具有好的频域特性，此处选择工程中应用最广泛的 db 小波族中频域特性最好的 db10 小波，分解层数选择 4 层，这样分解后每个频带宽度为 200 Hz。

本节给出 3 种典型条件下的接地故障实验：电压值最大时馈线发生接地故障、电压过零时线路发生接地故障和母线接地故障。其选线步骤简述为：先对故障前的 1 个周期和故障后的 4 个周期的零序电流进行小波包分解，然后按照能量最大原则来确定特征频带，最后比较特征频带下各条馈线的模极大值与零序电压的极性。

由于小电流接地系统是电力传输网的中间环节，根据电网络分割理论和等效代换理论，可将小电流接地系统从整个网络中独立出来，将小电流接地系统的输入端简化为带内阻抗的无穷大容量的三相电压源，而负荷侧以等效固定负荷代替。所以本书选用图 4.3 所示的故障选线仿真模型。

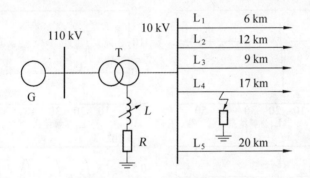

图 4.3 仿真模型结构原理图

正序参数为：$R_1 = 0.45\ \Omega/\text{km}$，$L_1 = 1.171\ 4\ \text{mH}/\text{km}$，$C_1 = 0.061\ \mu\text{F}/\text{km}$。

零序参数为：$R_0 = 0.70\ \Omega/\text{km}$，$L_0 = 3.906\ 5\ \text{mH}/\text{km}$，$C_0 = 0.038\ \mu\text{F}/\text{km}$。

线路长度为：$L_1 = 6\ \text{km}$，$L_2 = 12\ \text{km}$，$L_3 = 9\ \text{km}$，$L_4 = 17\ \text{km}$，$L_5 = 20\ \text{km}$。

电压等级为：110/10 kV。

可以计算出该系统的单相对地电容电流为

$$I_C = 3\omega C U_\varphi = 3 \times 2\pi \times 50 \times 6.1 \times 10^{-8} \times 64 \times \frac{10}{\sqrt{3}} = 21.234\ (\text{A}) > 20\ \text{A}$$

消弧线圈按 110% 的过补偿整定，经过计算得出消弧线圈的参数为：$R_L = 6.777\ \Omega$，$L = 0.262\ 3\ \text{H}$。

① 线路 L_4 在距离母线 6 km 处，A 相电压达到峰值时，发生单相接地，接地电阻为 100 Ω。

从图 4.4 中可以看出，L_1 特征频段模极大值为 -1.80，L_2 特征频段模极大值为 -4.22，L_3 特征频段模极大值为 -1.44，L_4 特征频段模极大值为 10.92，L_5 特征频段模极大值为 -5.98，显然，故障线路 L_4 的模极大值最大。零序电压首半波的极性明显为负，与正常线路 L_1、L_2、L_3、L_5 的特征频段模极大值极性相同，与故障线路 L_4 的特征频段模极大值极性相反。

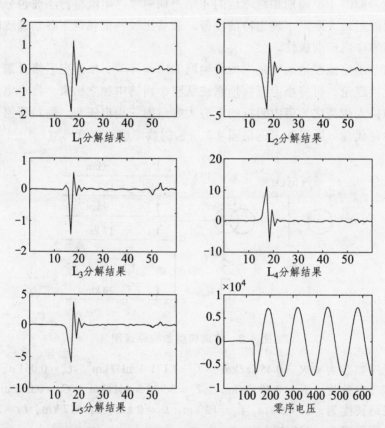

图 4.4 电压值最大时发生接地故障的电流分解结果和零序电压波形

② L_4 在出线端电压接近零时刻接地，接地电阻为 $20\ \Omega$。

从图 4.5 中可以看出，L_1 特征频段模极大值为 -0.58，L_2 特征频段模极大值为 -1.20，L_3 特征频段模极大值为 -0.88，L_4 特征频段模极大值为 4.57，L_5 特征频段模极大值为 -2.15。显然，故障线路 L_4 的模极大值最大。而零序电压首半波的极性明显为负，与正常线路 L_1、L_2、L_3、L_5 的特征频段模极大值极性相同，与故障线路 L_4 的特征频段模极大值极性相反。

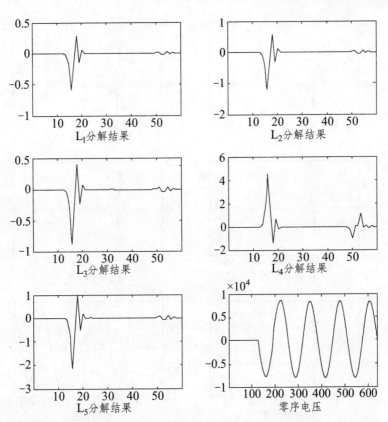

图 4.5 电压过零时发生接地故障的电流分解结果和零序电压波形

③ 母线 A 相接地（电压达到最小值时，接地电阻为 100 Ω）。

从图 4.6 中可以看出，L_1 特征频段模极大值为 1.03，L_2 特征频段模极大值为 2.56，L_3 特征频段模极大值为 2.51，L_4 特征频段模极大值为 4.07，L_5 特征频段模极大值为 5.93。零序电压首半波的极性明显为正，与线路 L_1、L_2、L_3、L_4、L_5 的特征频段模极大值极性相同。

从以上仿真结果可以看出，在特征频段内，故障线路和非故障线路有以下明显的特征：

① 故障线路的模极大值比非故障线路的模极大值大；

② 故障线路的模极大值点的极性和零序电压首半波的极性相反，非故障线路的模极大值点的极性和零序电压首半波的极性相同；

③ 当母线故障时，所有线路的模极大值点的极性和零序电压首半波的极性都相同。

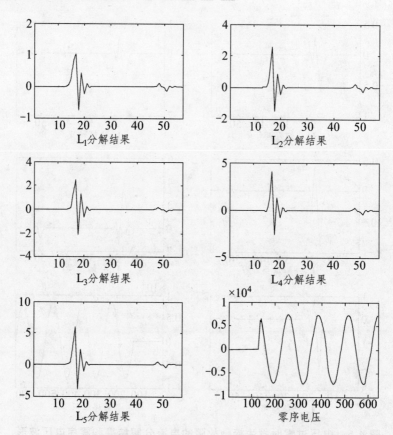

图 4.6   母线接地时的电流分解结果和零序电压波形

利用小波包分析故障线路零序电流，根据特征频段内模极大值极性与幅值的不同来区分故障线路的方法，具有良好的抗干扰能力，判断结果准确可靠，并且不受接地方式和接地电阻的影响，能够在电压过零和最大值时都保持比较高的选线准确率，显示了小波分析在小电流接地系统故障选线中无可比拟的优势。

2. 基于电流行波的选线方法

（1）选线原理。

小电流接地系统具有分布的网络参数，当发生单相接地时，会产生运动的电场和磁场，即暂态电压和电流行波。暂态电流行波在网络中传播，在阻抗不匹配点将发生折射和反射，由此分别形成接地线路和非接地线路的行波。母线上有 N 回出线的小电流接地系统，当在第 4 回出线发生单相接地后，其初始行波的传播过程可以由图 4.7 简单地表示。接地线路 L_4 接地相的初始行

波为 L_4 的反射波和入射波的叠加，接地相初始行波经过耦合形成 L_4 非接地相初始行波，线路 L_4 各相行波经过折反射形成其余线路各相初始行波。从以上分析可以看出，故障线路和健全线路的初始暂态行波具有明显的特性差异。因此，利用小波变换的模极大值表示初始行波在各条线路上所呈现的幅值和极性特性，根据各线路初始行波的模极大值的幅值和极性差异，可以选出故障线路。

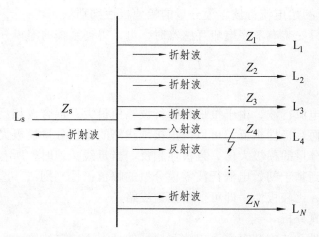

图 4.7 初始行波的折射、反射原理

实际三相系统中各相暂态行波之间是相互耦合的，不利于对接地故障特征的分析和故障信息的提取，在利用行波进行选线时，还需采用相模变换技术将三相系统解耦。结合三相线路的特点和不同的现场电流互感器安装情况，可以形成不同的行波模量选取及选线方法[5]。

① 基于初始电流行波β，γ模量的幅值极性判别法。

系统安装 A、C 两相电流互感器时，只能得到 A、C 两相电流行波，通过作式（4.4）所示的变换，可得到 β 模量和 γ 模量，从而比较明显地体现故障特征。

$$\begin{cases} I_\beta = \dfrac{I_A - I_C}{3} \\[2mm] I_\gamma = \dfrac{I_A + I_C}{3} \end{cases} \tag{4.4}$$

当 A 相或 C 相接地时，另一相的行波是接地相的耦合波，极性相反，所以β模量总是大于γ模量，而非接地线路的行波来源于接地线路的反射波或者折射波，因此接地线路的模量模极大值总大于非接地线路的模量模极大值，极性相反。比较β模量的幅值极性，可以选出接地线路。当 B 相发生接地时，A、C 相均为耦合行波，极性相同，由此得出γ模量总是大于β模量，其他特征与 A 相或 C 相接地相同。当母线接地时，所有模量极性相同。由此得到基于初始电流行波β，γ模量的幅值与极性的选线方法：选择模极大值较大的模量，比较极性，即可得出接地线路。

② 基于初始电流行波零模分量的幅值极性判别法。

当系统只安装有零序电流互感器时，可以得到系统的零模分量

$$I_0 = \frac{I_A + I_B + I_C}{3} \tag{4.5}$$

它包括三相电流行波，由于接地相的行波幅值最大，耦合波和反射行波不但幅值较小，而且极性相反，可以得出接地线路的零模分量模极大值大于非接地线路零模分量的模极大值，且极性相反。当母线接地时，所有模量极性相同。由此得到基于初始电流行波零模分量的幅值极性判别法：选择模极大值较大的分量，比较极性，即可得出接地线路。

（2）仿真分析。

现在假设系统安装有零序电流互感器的情况下，对线路或母线发生单相接地故障时行波信号的小波变换结果进行仿真分析。

① 线路故障。

线路 L_4 距离母线 6 km 处发生单相接地，过渡电阻为 10 Ω。在采样率为 1 MHz 时，各条线路零序电流如图 4.8（a）所示。采用 db3 小波对其进行分解，在尺度 2 下，各条线路零模分量的模极大值如图 4.8（b）所示。从图中可见，各线路电流初始行波零模分量的模极大值分别为 $i_{M1} = 1.05$，$i_{M2} = 1.04$，$i_{M3} = 1.04$，$i_{M4} = -4.15$，$i_{M5} = 1.03$。可见 i_{M4} 幅值大于其余线路的模极大值，且方向与其余线路模极大值的方向相反，由此可以判断线路 L_4 为故障线路。

② 母线故障。

母线在 A 相电压最大时发生单相接地，过渡电阻为 20 Ω。采样率为 1 MHz 时，各条线路零序电流如图 4.9（a）所示。采用 db3 小波对其进行分解，在尺度 2 下，各条线路零模分量的极大值如图 4.9（b）所示。从图中可见各线路电流初始行波零模分量的模极大值分别为 $i_{M1} = -2.04$，$i_{M2} = -2.03$，$i_{M3} = -2.03$，$i_{M4} = -2.04$，$i_{M5} = -2.02$。各条线路的模极大值幅值相差无几，且方向相同，由此可以判断母线故障。

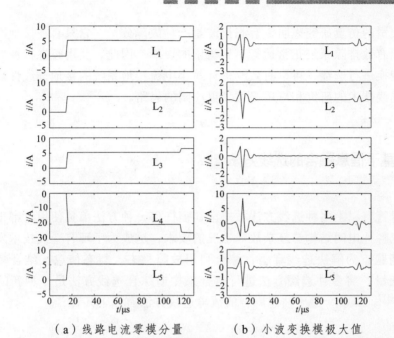

（a）线路电流零模分量　　　　（b）小波变换模极大值

图 4.8　线路 L_4 故障时各条线路零模分量及其小波模极大值

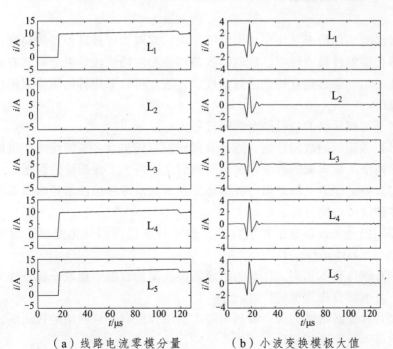

（a）线路电流零模分量　　　　（b）小波变换模极大值

图 4.9　母线故障时各条线路零模分量及其小波模极大值

大量的仿真研究表明：暂态行波是一种故障分量，它只有在接地时才产生，能有效排除系统正常运行不平衡量的影响。因此，利用暂态行波并结合小波变换进行选线，可以有效改善针对小电流接地系统的接地选线性能，为接地选线技术的研究和应用提供了更广阔的思路。

4.4 基于信息融合的选线方法

尽管有以上多种选线方法被提出，但任何一种方法单独使用时都很难完全适应各种电网结构与复杂故障工况的要求，这成为了现有选线技术发展的瓶颈问题。为解决选线难题，综合利用故障稳态、暂态信息，结合多种故障特征量，将多种选线方法进行融合来构造综合选线方法是一种新的研究思路[6-11]。目前，基于信息融合的故障选线方法有以下几种：

4.4.1 神经网络选线法

神经网络可用于解决建模困难的问题，同时也可提高模型的精度。在配电网单相接地故障选线中，提取的故障特征和故障选线结果之间具有复杂的非线性关系，很难建立精确的数学模型，因此可以采用神经网络来描述故障选线模型。

基于神经网络的信息融合选线过程为：

（1）采集原始故障数据。原始故障数据应该包括各条馈线零序电流故障时刻前两个工频周波的数据、故障时刻后至少两个工频周波的数据。

（2）特征提取。即利用各种信号处理方法从零序电流信号中提取零序电流的多种故障特征分量。

（3）归一化。即分别将所提取的故障特征进行归一化处理，形成原始数据。

（4）训练样本和测试样本的形成。即从原始数据中提取一部分作为训练样本，另一部分作为测试样本。

（5）神经网络的训练。即利用特定训练算法对神经网络进行训练，训练完成后得到故障选线模型。

（6）神经网络的测试。即利用测试样本对神经网络选线模型进行验证。

4.4.2　粗糙集选线法

粗糙集理论是一种比较常见的分析数据的数学理论，是一种处理不确定和不精确问题的新型数学工具，其最大特点是不需要提供问题所需处理的数据集合之外的任何先验信息。该方法是数据挖掘的重要方法，具有很强的实用性，已经在近似推理、决策支持、机器学习和模式识别等许多科学与工程领域中得到了成功的应用。

基于粗糙集的选线方法的主要步骤如下：

（1）采集原始故障数据。原始故障数据应该包括各条馈线零序电流故障时刻前两个工频周波的数据、故障时刻后至少两个工频周波的数据。

（2）特征提取。即利用各种信号处理方法提取零序电流的多种故障特征分量。

（3）离散化故障特征值。因为粗糙集理论研究的对象只能是离散值对象，所以需对已提取出的故障特征值进行离散化处理。

（4）形成故障信息表。即将离散化的各单一选线判据的故障特征值输入到条件属性中。

（5）约简故障信息表。即将确定不是故障线路的样本从论域中删除，以减小论域。

（6）形成决策表。即根据决策规则求出决策属性，输出到决策表的决策属性中。

（7）根据决策表的决策属性值判断故障线路。

从粗糙集选线方法的流程可以看出，该方法是从实际发生的故障的原始数据出发，通过收集故障数据，对数据进行归纳、整理，从数据中提取有用信息，然后对有用信息进行挖掘处理，从而有机融合多种选线判据，揭示故障规律。

4.4.3　模糊理论选线法

模糊理论是现代智能技术中最重要的技术之一，是处理复杂不确定问题的方法。模糊理论能通过建立相应的隶属函数有效地表征模糊性，将不分明性转换成确切的数值描述。利用模糊理论进行融合选线的关键是如何建立各个判据选线模糊模型，即在分析各种判据的基础上，如何建立其隶属度函数。隶属度函数的形式并不唯一，它是一种软函数，在应用过程中可以根据各种故障情况和结果进行适当地调整。另外，在应用模糊理论进行选线的过程中，可以基于故障稳态和暂态信息建立多个判据的模糊模型，即形成 n 种复合判据的基础模型，然后通过综合决策规则来提高选线的正确率。

4.4.4　DS 证据理论选线法

DS 证据理论能够处理由"不知道"引起的不确定性，摆脱先验概率的限制，对不完全信息有较好的处理能力，可以处理不同层次属性的融合问题。目前 DS 证据理论在小电流接地选线中的应用主要体现在两个方面。一是利用证据理论进行多判据选线结果的决策融合。该方法的思想与其他智能融合选线方法的区别主要体现在其信息融合的阶段发生在决策级，而决策级融合可以得到更高精度的选线准确率，该结论在 4.4.5 节的算例中得到了验证。二是利用证据理论进行连续选线决策融合。该方法的思想是：当配电网发生单相接地故障时，由母线零序电压越限信号触发算法装置，装置随即保存当前数据窗中的数据，启动算法计算单次故障度及连续故障度，并依据连续故障度给出选线结果，延时等待一定时间后对重新保存在数据窗口中的数据进行计算，对选线结果进行连续刷新；而每个单次故障度值提供了某线路可能是故障线路还是健全线路的依据程度，相当于一个证据，多个单次故障度可对每条线路提供多个证据；利用 DS 证据理论可以对这些单次故障度进行有效的证据组合和推理，求得连续故障度，强化故障信息，达到提高选线精度的目的。

4.4.5　基于信息融合的故障选线方法应用举例

在配电网中，当发生单相接地故障时，通过 3.1 节的故障特征分析可知，故障稳态信息持续时间长，可以连续多次运用稳态信息进行选线并通过综合判断来保证选线的准确率。其中可利用的稳态故障特征量主要有：零序电流基波幅值和相位、零序电流 5 次谐波幅值和相位、零序电流有功功率幅值和方向、电流负序分量等。但稳态故障特征量的应用受到中性点接地方式、线路长度、过渡电阻的影响较大，且稳态信号的幅值较小，易受互感器测量误差和噪声影响，影响选线精度。另一方面，在故障过程中，故障暂态信息往往强于稳态信号，特征明显，灵敏度高，并且基本不受中性点接地方式的影响。其中可利用的暂态故障特征量主要是零序电流、电压信号经过时频分析手段（如小波分析、小波包分析）处理后的各种暂态分量。但暂态信号的持续时间短，对有效提取故障发生时的信息并迅速地判别故障提出了很高的要求，这使其应用受到了一定的限制。研究表明，综合利用故障稳态、暂态信息，通过多种故障特征来进行故障选线是一种有效的办法。本节将结合具体算例说明基于信息融合的故障选线方法的有效性。

本算例的思路是：将配电网故障选线问题作为模式识别问题，利用多种信号处理方法同时提取多个故障特征分量（包含故障稳态特征分量和故障暂态特征分量），利用多个量子神经网络（QNN）对不同的特征分量单独进行训练和诊断，然后采用 DS 证据理论对各个子网络的选线结果进行决策级融合，以便集合各种故障选线方法的优点，获得更高的选线成功率。若选线过程中发现更具代表性的故障特征，利用 QNN-DS 模式识别模型灵活的可扩展性，可以随时将新提取的故障特征加入到选线模型中来，从而进一步提高小电流接地选线的可靠性和成功率。

1. 基于 QNN-DS 决策级融合的模式识别方法

由于量子神经网络具有一种固有的模糊性，它能将决策的不确定性数据合理地分配到各故障模式中，从而减少模式识别的不确定度，提高模式识别的准确性。而证据理论可以使多个证据都支持的命题合成后的信度提高，减少未知信度，从而减少判断模糊性，达到提高模式识别准确率的目的。所以本算例针对系统故障或扰动具有多征兆域的情况，采用集成量子神经网络模型，将多个征兆域交由各自子神经网络来处理，然后用 DS 证据理论对各网络的输出结果进行决策级融合，从而达到提高模式识别的准确性、容错性和鲁棒性的目的。基于 QNN-DS 模式识别模型如图 4.10 所示。

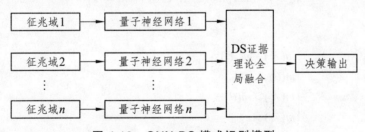

图 4.10 QNN-DS 模式识别模型

QNN-DS 模式识别模型有两个重要步骤：

（1）量子神经网络单征兆域诊断。

各量子神经网络分别对不同的征兆域进行诊断和识别，分别处理不同类型或者性质的数据样本。通过区分不同类型的故障或扰动特征参数而形成 n 个量子神经网络，可使每个神经网络处理数据样本的维数降为 $1/n$。充分利用量子神经网络收敛速度快和计算机并行处理的特性，可以加快神经网络训练速度和诊断决策时间，进而解决高维输入神经网络训练收敛速度慢和诊断时间长等问题。因为各征兆域量子神经网络的工作相互独立，所以新征兆域增加方便，使模式识别系统具有可扩展性强的特点。

（2）DS 证据理论决策融合。

将每个神经网络的输出值经过转换后作为证据理论在不同征兆域下的独立证据，即成为各征兆域的基本概率分配。每个网络的诊断能力和可靠程度是不同的，因此每个网络存在一个可靠性系数 α，表示对专家判定结果的信任程度[12]。

设第 i 个网络的第 j 个输出值为 $o_i(j)$，则有

$$m_i(j) = \frac{o_i(j)}{\sum_{j=1}^{q} o_i(j)} \times \alpha, \ m_i(\theta) = 1 - \alpha_i \qquad (4.6)$$

式中，$m_i(j)$ 代表第 i 个证据对状态 j 的概率分配；$m_i(\theta)$ 为不确定性 θ 的基本概率分配函数；q 代表神经网络的个数。然后根据证据理论合并规则公式得到合并后的各状态的基本概率分配。最后通过如下决策规则得到最终决策输出。

设 $\exists A_1, A_2 \subset U$，满足

$$m(A_1) = \max\{m(A_i), \ A_i \subset U\} \qquad (4.7)$$

$$m(A_2) = \max\{m(A_i), \ A_i \subset U \ \text{且} \ A_i \neq A_1\} \qquad (4.8)$$

若有

$$\begin{cases} m(A_1) - m(A_2) > \varepsilon_1 \\ m(\theta) < \varepsilon_2 \\ m(A_1) > m(\theta) \\ m(A_1) > \varepsilon_3 \end{cases} \qquad (4.9)$$

则 A_1 即为判定的故障或扰动类型，其中 ε_1，ε_2，ε_3 为预先设定的阈值。

通过 DS 证据理论对不同征兆域的神经网络输出进行信息融合，可以综合不同性质的故障特征，从而克服由单征兆域诊断、识别带来的误判和漏判。

本算例仅以零序电流基波幅值特征分量、5 次谐波幅值特征分量和零序电

流的暂态特征分量三种故障特征分量为例来阐述该选线模型的思路和方法。下面分别对上述三种故障特征的提取过程进行介绍。

2. 故障特征提取

(1) 零序电流基波幅值特征分量。

中性点不接地系统中，单相接地故障时，流过故障元件的零序电流在数值上等于所有非故障元件对地电容电流之和，即故障线路上的零序电流最大，所以零序电流基波幅值的大小是判别故障线路的有效数据，我们通过 FFT 算法可以从零序电流信号中提取基波分量。

基波特征定义为

$$X_1 = \frac{I_{1k}}{I_{1\Sigma}} \tag{4.10}$$

式中，I_{1k} 表示线路 k 的零序电流基波分量；$I_{1\Sigma}$ 表示所有线路的零序电流基波分量的总和。

(2) 零序电流 5 次谐波幅值分量。

中性点经消弧线圈接地系统中的消弧线圈是按照基波整定的，可忽略消弧线圈对 5 次谐波产生的补偿效果。因此，可利用对 5 次谐波的群体比幅法解决该类小电流接地系统的选线问题。利用 FFT 算法可以从零序电流信号中提取 5 次谐波分量。

5 次谐波特征定义为

$$X_2 = \frac{S_{5k}}{S_{5\Sigma}} \tag{4.11}$$

式中，S_{5k} 表示线路 k 的零序电流 5 次谐波分量的视在功率；$S_{5\Sigma}$ 表示所有线路的零序电流 5 次谐波分量的视在功率总和。

(3) 零序电流暂态特征分量。

在小电流接地系统发生单相故障时，暂态零序电流中包含丰富的故障信息，用小波包分解将信息在不同的频带上进行分解，提取故障暂态分量用于判别故障线路。此处利用 db2 小波包将流经各线路的零序电流按一定频带宽度进行分解，并剔除所在最低频带，线路在能量较集中的几个频带的总能量为[13]

$$\varepsilon = \sum_{i=1}^{m} \sum_{j=1}^{n} \left[\omega_{l_i}^{k_i}(j) \right]^2 \tag{4.12}$$

式中，$\omega_{l_i}^{k_i}(j)$ 为小波包分解在第 (k_i, l_i) 子频带下的分解系数。

暂态特征定义为

$$X_3 = \frac{\varepsilon_k}{\varepsilon_\Sigma} \tag{4.13}$$

式中，ε_k 表示线路 k 的零序电流在能量集中频段的能量；ε_Σ 表示所有线路的零序电流在各自能量集中频带的能量总和。

3. 基于 QNN-DS 的故障选线步骤

基于 QNN-DS 的小电流接地故障选线框图如图 4.11 所示。

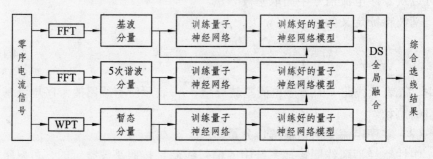

图 4.11　基于 QNN-DS 的小电流接地故障选线框图

其具体操作步骤如下：

（1）利用 FFT 和 WPT 算法分别从零序电流信号中提取基波幅值特征分量、5 次谐波幅值特征分量、暂态特征分量，形成训练样本集和测试样本集。

（2）初始化每个量子神经网络的权值，训练神经网络，最后得到 3 个神经网络的权值。

（3）利用测试样本集进行测试，得出基于不同故障特征的量子神经网络输出。

（4）将每个网络输出作为证据理论的独立证据，根据式（4.6）将神经网络的输出值进行转换，成为此证据下各种状态的基本概率分配，并设定每个网络的可靠性系数 α。

（5）根据证据理论合并规则式，得到合并后的各状态的基本概率分配。

（6）设定好各阈值，利用决策规则式（4.7）～（4.9）选择出故障线路。

4. 基于 QNN-DS 的故障选线结果

（1）子网络的选线过程。

① QNN 的训练样本和测试样本的产生。

利用建立的仿真模型，分别在中性点不接地和经消弧线圈接地（过补偿

5%）的情况下，在线路 1～4 的 10% 和 90% 处，在电压相位为 0°、45°、90° 时通过 50 Ω、2 000 Ω 的过渡电阻做单相接地试验。每次故障可采集到 4 条馈线的零序电流信号，共可采集到 2×4×2×3×2×4＝384 个零序电流信号。暂态信号取故障前半个周期和故障后半周期共一个周期的信号，利用 db2 小波包对该暂态信号进行 3 层小波包分解，再根据式（4.12）和式（4.13），即可得到暂态故障特征分量。稳态信号取故障后两个周期后的信号，利用 FFT 算法，根据式（4.10）和式（4.11）分别提取基波分量和 5 次谐波分量的故障特征，共得到 1 152 个故障特征。将这 1 152 个故障特征样本按其特征类型作为 3 个量子神经网络的输入样本。

对于中性点不接地和经消弧线圈接地（过补偿 10%）的情况，分别在线路 1～4 的 50% 和 80% 处，在电压相位为 36° 和 72° 时通过 500 Ω、1 500 Ω 的过渡电阻做单相接地试验，一共试验 64 次，得到 256 个零序电流信号。对 256 个零序电流信号分别根据式（4.10）～（4.13）提取基波分量、5 次谐波分量和暂态分量，得到 768 个故障特征数据。将这些数据按其特征类型分成 3 组，作为测试样本对量子神经网络模型进行测试。

② QNN 网络结构的选择。

利用 3 个量子神经网络分别进行上述三类故障特征分量进行训练，其中 3 个量子神经网络均为 3 层网络（即输入层，隐含层，输出层），且结构相同。

输入层：输入节点为 4 个，对应 4 条线路的同类故障特征样本（如 4 条线路在同一故障状况下的基波特征分量）。

隐含层：隐含层节点数目采用经验值，取 $2n+1$（n 为输入节点的数目），即 9；每个隐含层节点的量子间隔数由待识别的模式数目确定，此处取 4。

输出层：输出节点也为 4 个，对应 4 条线路的故障概率。

③ 各子 QNN 的选线结果（见表 4.1）。

表 4.1　各子 QNN 测试结果

样本类别	QNN	
	正确样本数/总数	正确率
基波特征分量	48/64	75.00%
5 次谐波特征分量	63/64	98.44%
暂态特征分量	62/64	96.88%
总　计	173/192	90.10%

（2）DS 融合过程分析。

从表 4.1 可知，以单一故障特征网络模型进行选线的总体精度也只能达到 90.10%，而这一精度还没有考虑现场测量仪器的误差和电磁干扰等因素，所以在实际运用中这一精度还不能满足要求，也就是说以单一故障特征量为判据的选线方法并不能保证在各种复杂工况下的选线精度，所以本例尝试应用信息融合技术达到多判据融合的目的。其具体实现方法是：通过 DS 证据理论在决策层对上述 3 个 QNN 的初步选线结果进行融合，然后给出最终决策结果。

下面以中性点经消弧线圈接地（过补偿 10%）情况下，在线路 L₁ 的 50% 处，在电压相位为 36° 时通过 500 Ω 的过渡电阻做单相接地试验所得数据为例来说明 DS 证据理论的全局决策过程，此时数据融合处于最恶劣的状态，因为此时基波特征分量量子神经网络将故障线路误识别为线路 L₂，三个 QNN 的选线结果见表 4.2。

表 4.2　三个 QNN 的选线结果

征　兆　域	故　障　域			
	L₁ 故障	L₂ 故障	L₃ 故障	L₄ 故障
基波特征分量网络输出	0.000 097 94	0.996 69	0.000 313 86	0.004 921 1
5 次谐波特征分量网络输出	0.968 16	0.018 221	0.010 502	0.022 335
暂态特征分量网络输出	0.987 1	0.020 405	0.010 889	0.005 168

根据 DS 证据理论决策融合过程，首先应该计算每个网络输出的基本可信度分配，其中可靠性系数 α 依照专家经验取得，此处依次按故障征兆域的次序（基波特征分量、5 次谐波特征分量、暂态特征分量）设定 $\alpha = \{0.7, 0.95, 0.85\}$，在本例中该参数设定的依据为表 4.1 中各子网络的选线精度。设阈值 $\varepsilon_1 = 0.4$，$\varepsilon_2 = 0.1$，$\varepsilon_3 = 0.9$。根据式（4.6）得到三个量子神经网络的基本概率分配，见表 4.3。

表 4.3　三个量子神经网络的基本概率分配

征　兆　域	故　障　域				
	L₁ 故障	L₂ 故障	L₃ 故障	L₄ 故障	不确定
基波特征分量网络输出	0.000 1	0.696 3	0.000 2	0.003 4	0.300 0
5 次谐波特征分量网络输出	0.902 4	0.017 0	0.009 8	0.020 8	0.050 0
暂态特征分量网络输出	0.819 7	0.016 9	0.009 0	0.004 3	0.150 0

接下来为证据融合过程，根据 DS 证据理论的合并公式，可得基波特征分量网络输出和 5 次谐波特征分量网络输出的融合结果，见表 4.4。再将表 4.4 中的结果与暂态特征分量网络输出结果进行融合得到表 4.5。

表 4.4 基波特征分量网络输出和 5 次谐波特征分量网络输出的融合结果

L_1 故障	L_2 故障	L_3 故障	L_4 故障	不确定
$M'(L_1) = 0.780\ 5$	$M'(L_2) = 0.149\ 1$	$M'(L_3) = 0.008\ 5$	$M'(L_4) = 0.018\ 7$	$M'(\theta) = 0.043\ 2$

表 4.5 三个网络的融合结果

L_1 故障	L_2 故障	L_3 故障	L_4 故障	不确定
$M'(L_1) = 0.955\ 5$	$M'(L_2) = 0.030\ 9$	$M'(L_3) = 0.002\ 1$	$M'(L_4) = 0.003\ 7$	$M'(\theta) = 0.007\ 8$

对比表 4.3、表 4.4 和表 4.5 可知，每增加一次融合，选线结果就更加接近真实值。按上述设定的阈值，由式（4.7）～（4.9），可判定故障线路为 L_1。根据上述算例可以得出如下两点结论：

① 即使个别网络诊断出现偏差或者出现错误，也不会影响全局的诊断效果。

② 基于 QNN-DS 的模式识别方法具有良好的容错性和鲁棒性。

（3）最终融合选线结果分析。

64 个故障测试样本经过上述融合过程可得到最终选线结果，见表 4.6。从表中可知该模型能够在小电流接地系统发生单相接地故障时正确地选择出故障线路，选线正确率达到 100%，且不受系统接地方式、故障距离、合闸角、过渡电阻等因素的影响。对比表 4.1 中单判据选线结果可知，基于 QNN-DS 的选线方法能够有效地融合多种故障特征判据，具有更好的容错性和鲁棒性，从而达到了提高选线正确率的目的。

表 4.6 测试样本融合后的选线结果

序列	故障线路	故障工况				融合后的选线结果				
		接地方式	距离	合闸角	电阻	L_1 故障	L_2 故障	L_3 故障	L_4 故障	不确定
1	L_1	不接地	50%	36°	500 Ω	0.994 54	0.001 201	0.000 656	0.001 147	0.002 454
2	L_1	不接地	50%	36°	1500 Ω	0.994 48	0.001 254	0.000 666	0.001 139	0.002 46
3	L_1	不接地	50%	72°	500 Ω	0.994 56	0.001 203	0.000 646	0.001 142	0.002 453
4	L_1	不接地	50%	72°	1500 Ω	0.994 5	0.001 248	0.000 655	0.001 135	0.002 458
5	L_1	不接地	80%	36°	500 Ω	0.994 58	0.001 19	0.000 6	0.001 182	0.002 45
6	L_1	不接地	80%	36°	1500 Ω	0.994 53	0.001 257	0.000 582	0.001 176	0.002 454

续表 4.6

序列	故障线路	故障工况				融合后的选线结果				
		接地方式	距离	合闸角	电阻	L_1 故障	L_2 故障	L_3 故障	L_4 故障	不确定
7	L_1	不接地	80%	72°	500 Ω	0.994 54	0.001 227	0.000 599	0.001 177	0.002 453
8	L_1	不接地	80%	72°	1500 Ω	0.994 5	0.001 29	0.000 58	0.001 171	0.002 457
9	L_1	过补偿 10%	50%	36°	500 Ω	0.955 47	0.030 904	0.002 102	0.003 704	0.007 821
10	L_1	过补偿 10%	50%	36°	1500 Ω	0.955 58	0.031 093	0.002 035	0.003 465	0.007 824
11	L_1	过补偿 10%	50%	72°	500 Ω	0.955 2	0.031 072	0.002 176	0.003 722	0.007 833
12	L_1	过补偿 10%	50%	72°	1500 Ω	0.955 15	0.031 512	0.002 057	0.003 45	0.007 835
13	L_1	过补偿 10%	80%	36°	500 Ω	0.954 5	0.031 822	0.002 01	0.003 821	0.007 846
14	L_1	过补偿 10%	80%	36°	1500 Ω	0.954 47	0.032 232	0.001 861	0.003 589	0.007 85
15	L_1	过补偿 10%	80%	72°	500 Ω	0.955 41	0.031	0.001 971	0.003 796	0.007 822
16	L_1	过补偿 10%	80%	72°	1500 Ω	0.955 36	0.031 571	0.001 741	0.003 507	0.007 816
17	L_2	不接地	50%	36°	500 Ω	0.000 621	0.994 82	0.001 198	0.000 922	0.002 443
18	L_2	不接地	50%	36°	1500 Ω	0.000 617	0.994 82	0.001 176	0.000 948	0.002 443
19	L_2	不接地	50%	72°	500 Ω	0.000 623	0.994 79	0.001 214	0.000 925	0.002 445
20	L_2	不接地	50%	72°	1500 Ω	0.000 619	0.994 8	0.001 188	0.000 949	0.002 445
21	L_2	不接地	80%	36°	500 Ω	0.000 603	0.994 85	0.001 185	0.000 925	0.002 44
22	L_2	不接地	80%	36°	1500 Ω	0.000 606	0.994 86	0.001 171	0.000 926	0.002 439
23	L_2	不接地	80%	72°	500 Ω	0.000 602	0.994 83	0.001 199	0.000 927	0.002 442
24	L_2	不接地	80%	72°	1500 Ω	0.000 606	0.994 84	0.001 184	0.000 929	0.002 441
25	L_2	过补偿 10%	50%	36°	500 Ω	0.024 448	0.959 94	0.004 054	0.003 727	0.007 83
26	L_2	过补偿 10%	50%	36°	1500 Ω	0.023 601	0.960 39	0.003 88	0.004 307	0.007 825
27	L_2	过补偿 10%	50%	72°	500 Ω	0.024 278	0.960 36	0.003 863	0.003 693	0.007 807
28	L_2	过补偿 10%	50%	72°	1500 Ω	0.023 393	0.960 89	0.003 641	0.004 276	0.007 796
29	L_2	过补偿 10%	80%	36°	500 Ω	0.024 095	0.960 32	0.004 03	0.003 732	0.007 822
30	L_2	过补偿 10%	80%	36°	1500 Ω	0.016 594	0.959 26	0.012 862	0.003 473	0.007 812
31	L_2	过补偿 10%	80%	72°	500 Ω	0.024 001	0.960 72	0.003 79	0.003 695	0.007 796
32	L_2	过补偿 10%	80%	72°	1500 Ω	0.016 452	0.960 18	0.012 168	0.003 429	0.007 772
33	L_3	不接地	50%	36°	500 Ω	0.001 051	0.001 286	0.993 89	0.001 291	0.002 483
34	L_3	不接地	50%	36°	1500 Ω	0.001 002	0.001 28	0.993 96	0.001 279	0.002 476
35	L_3	不接地	50%	72°	500 Ω	0.001 281	0.001 36	0.993 53	0.001 317	0.002 516

续表 4.6

序列	故障线路	故障工况				融合后的选线结果				
		接地方式	距离	合闸角	电阻	L_1故障	L_2故障	L_3故障	L_4故障	不确定
36	L_3	不接地	50%	72°	1500 Ω	0.001 186	0.001 345	0.993 66	0.001 302	0.002 503
37	L_3	不接地	80%	36°	500 Ω	0.000 708	0.001 168	0.994 52	0.001 175	0.002 426
38	L_3	不接地	80%	36°	1500 Ω	0.000 706	0.001 173	0.994 52	0.001 173	0.002 426
39	L_3	不接地	80%	72°	500 Ω	0.000 707	0.001 165	0.994 53	0.001 175	0.002 426
40	L_3	不接地	80%	72°	1500 Ω	0.000 705	0.001 169	0.994 53	0.001 173	0.002 426
41	L_3	过补偿 10%	50%	36°	500 Ω	0.002 315	0.001 591	0.991 72	0.001 708	0.002 668
42	L_3	过补偿 10%	50%	36°	1500 Ω	0.002 066	0.001 524	0.991 97	0.001 773	0.002 672
43	L_3	过补偿 10%	50%	72°	500 Ω	0.001 182	0.001 377	0.993 38	0.001 538	0.002 52
44	L_3	过补偿 10%	50%	72°	1500 Ω	0.001 063	0.001 341	0.993 53	0.001 538	0.002 532
45	L_3	过补偿 10%	80%	36°	500 Ω	0.000 762	0.001 219	0.994 15	0.001 409	0.002 459
46	L_3	过补偿 10%	80%	36°	1500 Ω	0.000 694	0.001 177	0.994 31	0.001 348	0.002 468
47	L_3	过补偿 10%	80%	72°	500 Ω	0.000 763	0.001 229	0.994 15	0.001 402	0.002 46
48	L_3	过补偿 10%	80%	72°	1500 Ω	0.000 69	0.001 197	0.994 31	0.001 331	0.002 468
49	L_4	不接地	50%	36°	500 Ω	0.001 071	0.000 42	0.001 141	0.994 95	0.002 42
50	L_4	不接地	50%	36°	1500 Ω	0.001 072	0.000 421	0.001 136	0.994 95	0.002 42
51	L_4	不接地	50%	72°	500 Ω	0.001 069	0.000 42	0.001 15	0.994 94	0.002 421
52	L_4	不接地	50%	72°	1500 Ω	0.001 07	0.000 42	0.001 145	0.994 95	0.002 42
53	L_4	不接地	80%	36°	500 Ω	0.001 072	0.000 415	0.001 25	0.994 83	0.002 43
54	L_4	不接地	80%	36°	1500 Ω	0.001 089	0.000 415	0.001 214	0.994 85	0.002 428
55	L_4	不接地	80%	72°	500 Ω	0.001 072	0.000 416	0.001 262	0.994 82	0.002 431
56	L_4	不接地	80%	72°	1500 Ω	0.001 087	0.000 415	0.001 225	0.994 84	0.002 429
57	L_4	过补偿 10%	50%	36°	500 Ω	0.001 047	0.000 461	0.001 672	0.994 34	0.002 477
58	L_4	过补偿 10%	50%	36°	1500 Ω	0.001 076	0.000 462	0.002 373	0.993 46	0.002 625
59	L_4	过补偿 10%	50%	72°	500 Ω	0.001 051	0.000 463	0.001 629	0.994 38	0.002 474
60	L_4	过补偿 10%	50%	72°	1500 Ω	0.001 078	0.000 464	0.002 297	0.993 54	0.002 62
61	L_4	过补偿 10%	80%	36°	500 Ω	0.001 047	0.000 456	0.001 888	0.994 11	0.002 501
62	L_4	过补偿 10%	80%	36°	1500 Ω	0.001 09	0.000 451	0.002 637	0.993 17	0.002 656
63	L_4	过补偿 10%	80%	72°	500 Ω	0.001 048	0.000 454	0.001 757	0.994 25	0.002 489
64	L_4	过补偿 10%	80%	72°	1500 Ω	0.001 085	0.000 448	0.002 385	0.993 45	0.002 636

4.5 配电网故障选线的难点和发展趋势

4.5.1 难 点

配电网故障选线保护的构造思路和设计方法形式多样，充分说明了选线保护问题的重要性和复杂性。目前，造成小电流接地选线问题难以解决的原因主要有以下几点：

（1）小电流接地系统的故障建模困难。故障状况复杂，随机性强，产生的故障量在数值上、变化规律上相差悬殊，因此无法准确建立系统的单相接地模型来计算零序分量的定量关系，只能根据零序分量来定性推测故障线路。

（2）故障特征信号微弱。小电流接地系统单相接地故障电流仅为线路对地电容电流，数值非常小，其中有功分量和谐波分量则更小，一般不到接地电流的 10%。有些故障情况下零序电流可能低于零序 CT 下限值，测量误差较大。而且现场电磁干扰以及零序回路对高次谐波及各种暂态量的放大作用，使检测出的故障成分信噪比非常低。

（3）不平衡电流的影响。对于架空线路，需使用零序滤过器获得零序电流，而零序滤过器存在不平衡电流，一次电网的不平衡也产生零序电流，这些附加电流叠加在微弱的故障电流上，不容易分离出去。

（4）不稳定故障电弧的影响。现场的单相接地故障中，很多情况为瞬时性接地或间歇性接地，其故障点多表现为电弧接地。对于弧光接地，特别是间歇性弧光接地，由于故障点不稳定，没有一个稳定的接地电流信号，使得基于稳态信息的检测方法失去了理论基础。

（5）避开消弧线圈干预的有效措施尚不成熟。小电流接地系统中，由于中性点在消弧线圈引入之后，系统故障时的接地电流得到补偿，扰乱了原有不接地系统的零序电流分布规律，使得信号特征量提取困难。

4.5.2 发展趋势

选线保护装置多年来的运行情况也暴露出其在保护原理、技术上的不成熟，因此非常有必要对配电网故障选线进行更加深入、细致的研究。当前配电网故障选线的主要发展趋势有以下几点：

（1）接地电容电流的暂态分量往往比其稳态值大几倍到几十倍，提取暂态信号中的有效特征分量可显著提高选线精度。利用先进的信号处理技术对突变的、微弱的非平稳故障信号进行精确处理来提取出新的故障特征判据仍然是目前研究的热点。

（2）由于配电网单相接地故障的情况复杂，单一的选线判据往往不能覆盖所有的接地工况，很难完全适应各种电网结构与复杂的故障工况的要求。因此，综合利用多种故障稳态、暂态信息，将多种选线方法进行融合来构造综合选线方法是一种新的研究思路。

（3）随着人工智能算法的蓬勃发展，人工智能技术在配电网故障选线中应用将得到进一步拓展。

参考文献

[1] 束洪春. 配电网故障选线[M]. 北京：机械工业出版社，2008.

[2] 肖白，束洪春，高峰. 小电流接地系统单相接地故障选线方法综述[J]. 继电器. 2005，6（4）：16-20.

[3] 徐丙垠，薛永端，李天友，咸日常. 小电流接地选线技术综述[J]. 电力设备. 2001，29（4）：1-7.

[4] 程路，陈乔夫. 小电流接地系统单相接地选线技术综述[J]. 电网技术. 2009，33（18）：219-224.

[5] 罗建，何建军，王官洁. 消弧线圈接地系统的单相接地选线研究[J]. 电力系统保护与控制. 2009，37（4）：1-4.

[6] 都洪基，姚婷婷，刘林兴. 遗传优化神经网络在小电流接地系统故障选线中的应用[J]. 继电器. 2004，32（5）：29-31.

[7] 庞清乐，孙同景，孙波，钟麦英. 基于蚁群算法的神经网络配电网故障选线方法[J]. 继电器. 2007，35（16）：1-6.

[8] 庞清乐，孙同景，穆健，秦伟刚. 基于神经网络的中性点经消弧线圈接地系统故障选线方法[J]. 电网技术. 2005，29（24）：78-81.

[9] 庞清乐. 基于智能算法的小电流接地故障选线研究[D]. 山东：山东大学，2007.

[10] 贾清泉，杨奇逊，杨以涵. 基于故障测度概念与证据理论的配电网单相接地故障多判据融合[J]. 中国电机工程学报. 2003，23（12）：6-11.

[11] 江斌，杨江，王天华. 基于D-S证据理论的小电流接地选线方法[J]. 电网技术. 2007，31（1）：169-171.

[12] 王娜，梁禹. 基于神经网络和D-S证据理论的故障诊断[J]. 仪器与仪表学报. 2005，26（8）：773-774.

[13] 庞清乐，孙同景，孙波，钟麦英. 基于蚁群算法的神经网络配电网故障选线方法[J]. 继电器. 2007，35（16）：1-6.

第 5 章　配电网故障定位与重构

5.1 引　言

随着国民经济的发展和人民物质文化生活水平的不断提高，社会生产对电力的需求越来越大，促使电力事业迅速发展、电网不断扩大；同时，用户对供电可靠性提出了越来越高的要求。所谓故障定位就是根据不同的故障特征迅速准确地测定故障点，它需要同时满足可靠性和准确性[1]。故障定位可以指导维修人员直达线路故障点，避免人工巡线的艰辛劳动，对快速恢复供电、保证供电可靠性、提高供电部门和用户的经济效益都具有重要的意义。另外，及时地排除故障有利于维护电网设备，避免设备因单相接地故障时非故障相电压的升高所造成的绝缘损坏。

传统的配电网故障定位是在故障发生后派巡线人员沿线寻找故障点，这种方法耗时费力，导致停电时间长。即使配电管理中心装有地理信息系统，可以协助排除故障并恢复供电，但由于存在人工介入，所需的时间仍然较长，不能满足用户的需求。为了提高供电可靠性，必须在配电网自动化系统中实现故障的自动定位、隔离和恢复，这样就可以大大缩短停电时间。配电网故障定位是配电网故障隔离、故障排除和供电恢复的基础和前提，它对于提高配电网运行效率、改善供电质量、减少停电面积和缩短停电时间等都具有重要意义。

随着我国配电网自动化的不断深入推进，故障后上送的故障信息将大大丰富，这包括：电气量信息、开关信息、保护信息、开关和保护所带时标的事件顺序记录信息等。如何有效地利用这些信息，实现故障的快速定位、减少停电面积、缩短停电时间，使配电网的潜力得到最大限度的利用将是配电网自动化发展的必然趋势。

配电网自动化系统中的馈线自动化是减少停电时间、缩小停电面积，从而提高供电可靠性的重要手段。馈线自动化有两种实现方法：基于重合器的馈线自动化和基于馈线终端单元（Feeder Terminal Unit，FTU）的馈线自动化。基于重合器的馈线自动化（当地控制方式）采用重合器或断路器与分段器、熔断器配合使用来实现馈线自动化，不需要建设通信通道，但它的缺点是隔离故障点需要多次重合闸操作，对设备及系统冲击大。基于馈线终端单元的馈线自动化不仅可以监控馈线平时的运行的状况，在故障时由计算机系统完成故障定位，迅速进行故障定位，快速实现非故障区段的自动恢复送电，而且开关动作次数少，对配电系统的冲击也小。鉴于这些优点，我国配电网的馈线自动化系统正在不断推进。

本章将介绍几种非单相接地故障定位的典型方法：基于电压时间型继电器的故障定位方法、基于矩阵运算的故障定位方法[2-4]、基于过热弧搜索的故障定位方法[5-7]、基于人工智能的故障定位方法[8, 9]和基于注入法的故障定位方法。

所谓配电网重构就是在保证配电网呈辐射状，满足馈线热容、电压降落要求和变压器容量等前提下，确定使配电网某一指标最佳的配电网运行方式。配电网重构是优化配电系统运行的重要手段，是配电网自动化研究的重要内容。在正常的运行条件下，配电调度员根据运行情况进行开关操作以调整网络结构，一方面平衡负荷，消除过载，提高供电质量；另一方面降低网损，提高系统的经济性。在发生故障时隔离故障，缩小停电范围，并在故障后迅速恢复供电，配电网重构是提高配电系统安全性和经济性的重要手段。

5.2　基于矩阵运算的故障定位方法

基于矩阵运算的故障定位方法通常利用配电自动化中 RTU 和 FTU 上送的电流越限信息构造故障信息矩阵，然后结合电网拓扑实现非单相接地故障的快速定位。文献[3]提出了构造故障信息矩阵和网络描述矩阵，然后通过这两个矩阵得到故障判断矩阵从而实现故障定位。

5.2.1　网络描述矩阵

将馈线上的断路器、分段开关和联络开关当做节点进行编号，假设共有 N 个节点，根据图论原理，可以将节点与节点相邻关系表示为一个 $N \times N$ 阶的邻接矩阵形式，定义如下：

$$D = [d_{ij}]_{N \times N} \tag{5.1}$$

式中，D 为网络描述矩阵；d_{ij} 为矩阵 D 中 i 行 j 列的元素，$d_{ij} = \begin{cases} 1, & \text{节点}i, j\text{相邻} \\ 0, & \text{节点}i, j\text{不相邻} \end{cases}$。

　　网络描述矩阵反映了馈线的拓扑结构。以图 5.1 所示的一条简单的馈线网络为例，可以得到它的网络描述矩阵为

$$\mathbf{D} = \begin{bmatrix} 0 & 1 & 0 & 0 & 0 & 0 & 0 \\ 1 & 0 & 1 & 0 & 0 & 0 & 0 \\ 0 & 1 & 0 & 1 & 0 & 0 & 0 \\ 0 & 0 & 1 & 0 & 1 & 0 & 0 \\ 0 & 0 & 0 & 1 & 0 & 1 & 0 \\ 0 & 0 & 0 & 0 & 1 & 0 & 1 \\ 0 & 0 & 0 & 0 & 0 & 1 & 0 \end{bmatrix} \qquad (5.2)$$

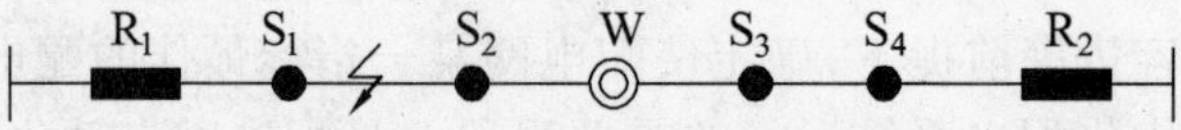

图 5.1　一个简单的馈线网络

■一重合器；●一常闭分段开关；◎一常闭联络开关

5.2.2　故障信息矩阵

　　故障信息矩阵 $\mathbf{G}$ 也是 $N \times N$ 阶方阵，它是根据故障时 RTU 和 FTU 上送的相应开关是否流过电流越限信息来构造的。具体的定义方式为：如果第 i 个节点的开关流过超过阈值的故障电流，则故障信息矩阵的第 i 行第 i 列的元素置 0；反之第 i 行第 i 列的元素置 1，故障信息矩阵的其他元素均置 0。这样形成的故障信息矩阵 $\mathbf{G}$ 将故障信息反映在对角线上。假设图 5.1 中短路电流故障发生在节点 2 和 3 之间，则节点 1 和 2 流过短路电流，而其他节点均没有短路电流流过，则故障信息矩阵为

$$\mathbf{D} = \begin{bmatrix} 0 & 0 & 0 & 0 & 0 & 0 & 0 \\ 0 & 0 & 0 & 0 & 0 & 0 & 0 \\ 0 & 0 & 1 & 0 & 0 & 0 & 0 \\ 0 & 0 & 0 & 1 & 0 & 0 & 0 \\ 0 & 0 & 0 & 0 & 1 & 0 & 0 \\ 0 & 0 & 0 & 0 & 0 & 1 & 0 \\ 0 & 0 & 0 & 0 & 0 & 0 & 1 \end{bmatrix} \qquad (5.3)$$

5.2.3　故障判断矩阵

　　网络描述矩阵 $\mathbf{D}$ 和故障信息矩阵 $\mathbf{G}$ 相乘后得到矩阵 $\mathbf{P}'$。再对矩阵 $\mathbf{P}'$ 进

行规格化就得到了故障判断矩阵 P，即

$$P = g(D \times G) = g(P')\tag{5.4}$$

式中，g（·）为规格化运算。

可以看出计算得到的故障判断矩阵 P 包含故障信息和当前的网络拓扑结构，反映了当前的故障区段。若 P 中的元素 $p_{ij} \odot p_{ji} = 1$（$\odot$ 表示异或运算），则馈线上节点 i 和节点 j 之间的区段即为故障区段，应将其断开。图 5.1 所示例子中的故障判断矩阵 P 为

$$P = \begin{bmatrix} 0 & 0 & 0 & 0 & 0 & 0 & 0 \\ 0 & 0 & 1 & 0 & 0 & 0 & 0 \\ 0 & 0 & 0 & 1 & 0 & 0 & 0 \\ 0 & 0 & 1 & 0 & 1 & 0 & 0 \\ 0 & 0 & 0 & 1 & 0 & 1 & 0 \\ 0 & 0 & 0 & 0 & 1 & 0 & 1 \\ 0 & 0 & 0 & 0 & 0 & 1 & 0 \end{bmatrix}\tag{5.5}$$

显然，由式（5.5）可以看出，只有 $p_{23} \odot p_{32} = 1$，其他的元素均不满足这个关系，因此判断故障发生在节点 2 和 3 之间。

关于更复杂的网络拓扑的基于矩阵运算的故障定位方法，可以进一步参看文献[3]。如果在故障信息矩阵 G 中加入电流方向信息，则可以实现多电源以及环网供电工况下的故障区段判断。

另外，由上面的区段判断过程可以看出，判断故障区段需要对两个 $N \times N$ 阶的方阵进行乘法运算，最后还需进行一次规格化运算，导致算法的计算量较大。因此，许多学者在该方法的基础上进行了改进，提出了多种无需矩阵相乘以及规格化的方法[4, 5]。

5.3 基于过热弧搜索的故障定位方法

由于故障定位所依据的 FTU 信息可能受干扰而丢失或发生畸变，很多学者对故障信息不完备情况下的单电源辐射状配电网故障定位方法进行了深入研究，其中过热弧搜索算法具有原理简单、可详细提供故障程度等优点，在实际电网中获得了成功应用。文献[6]，[7]提出了基于过热弧搜索的故障定位方法，并通过分离支接点区域、点弧变换两个步骤获取弧的负荷。

5.3.1　配电网的建模

从负荷的角度将配电网看做是一种赋权图，可以简化配电网的模型[6]。将线路上的电源点、馈线沿线、开关和 T 接点看做是节点，节点的权为流过该节点的负荷。将相邻两个节点间的配电馈线和配电变压器综合看做是图的边，边的权即是该条边上所有配电变压器供出的负荷之和。这样处理之后达到了简化节点数的目的，如图 5.2 所示。

对于图 5.2 所示的配电线路，传统模型共有 19 个节点、32 个元件（14个配电变压器和 18 条馈线段），而简化模型共有 6 个节点和 5 个耗散元件，但是在简化模型中，必须将分支线路的末梢表示为处于分状态的节点。

可采用等长邻接表来描述配网简化模型，以达到减小占用空间和缩短处理时间的目的。

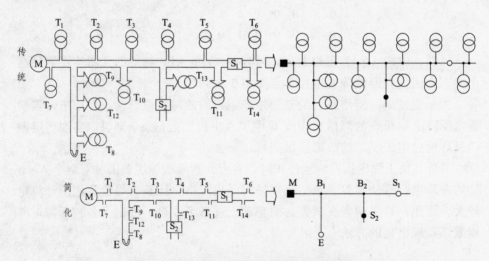

图 5.2　配电线路的传统模型和简化模型

M—电源点；S₁，S₂—馈线开关；E—末梢点；B₁，B₂—T 接分支点；T₁～T₁₄—配电变压器；
■—电源点；●—T 接分支点；●—合闸状态的节点；○—分闸状态的节点

将配电网的馈线当做无向图，对于 N 点配电网络，可以定义 5 列的网基结构邻接表 $\boldsymbol{DT}$ 为

$$\boldsymbol{DT} = \begin{bmatrix} dt_{11} & \cdots & dt_{15} \\ \vdots & & \vdots \\ dt_{N1} & \cdots & dt_{N5} \end{bmatrix} \tag{5.6}$$

DT 中的第一列元素 dt_{i1} 描述各节点类型，其取值可以为 0、1、2 或 3，分别表示该节点是普通点、T 接点、源点或末梢点。

网基结构邻接表 **DT** 中的第二列元素 dt_{i2} 描述各顶点是否过负荷，如果顶点 v_i 过负荷，则 $dt_{i2}=1$，如果顶点 v_i 不过负荷，则 $dt_{i2}=0$。

网基结构邻接表 **DT** 中的第三列元素至第五列元素描述和各顶点邻接的顶点的序号，如果顶点 v_i 和顶点 v_k、v_m 和 v_n 相邻接，则 $dt_{i3}=k$，$dt_{i4}=m$，$dt_{i5}=n$；在网基结构邻接表 **DT** 的空闲位置的元素填 -1。

网基结构邻接表 **DT** 描述了配电网的潜在连接方式，它决定于配电线路的架设，这种具有潜在连接方式的配电网构成的图被称作"网基"。

将配电网的馈线当做有向边（也可称为"弧"），其方向就是线路上潮流的方向，定义 N 行 5 列的弧结构邻接表 **CT** 为

$$CT = \begin{pmatrix} ct_{11} & \cdots & ct_{15} \\ \vdots & & \vdots \\ ct_{N1} & \cdots & ct_{N5} \end{pmatrix} \tag{5.7}$$

弧结构邻接表 **CT** 中的第一列元素 ct_{i1} 描述各顶点所处的状态，如果顶点 v_i 处于合状态，则 $ct_{i1}=1$；如果顶点 v_i 处于分状态，则 $ct_{i1}=0$。ct_{i2} 和 ct_{i3} 分别表示以顶点 v_i 为终点的弧的起点的序号，如果存在弧 (v_j, v_i) 和 (v_k, v_i)，则 $ct_{i2}=j$，$ct_{i3}=k$。

弧结构邻接表 **CT** 中的第四列元素和第五列元素描述以相应的顶点为起点的弧的终点的序号，如果存在弧 (v_i, v_m) 和 (v_i, v_n)，则 $ct_{i4}=m$，$ct_{i5}=n$；在弧结构邻接表 **CT** 中的空闲位置的元素填 -1。弧结构邻接表 **CT** 描述了当前运行方式，称这样的图为"网形"。

定义 N 行 4 列的负荷邻接表 **LT** 为

$$LT = \begin{pmatrix} lt_{11} & \cdots & lt_{14} \\ \vdots & & \vdots \\ lt_{N1} & \cdots & lt_{N4} \end{pmatrix} \tag{5.8}$$

负荷邻接表 **LT** 中的第一列元素 lt_{i1} 描述相应的顶点的负荷；**LT** 中的第二列元素 lt_{i2} 至第四列元素 lt_{i4} 描述以相应的顶点为端点的边的负荷；在 **LT** 中的空闲位置的元素填 -1。**LT** 中第二列至第四列的元素的顺序和网基结构邻接表 **DT** 的第三列至第五列对应的边的顺序一致。

定义 N 行 4 列的额定负荷邻接表 $\boldsymbol{RT}$ 为

$$\boldsymbol{RT} = \begin{pmatrix} rt_{11} & \cdots & rt_{14} \\ \vdots & & \vdots \\ rt_{N1} & \cdots & rt_{N4} \end{pmatrix} \tag{5.9}$$

额定负荷邻接表 $\boldsymbol{RT}$ 中第一列元素 rt_{i1} 描述相应顶点的额定负荷；$\boldsymbol{RT}$ 中的第二列元素 rt_{i2} 至第四列元素 rt_{i4} 描述以相应顶点为端点的边的额定负荷；$\boldsymbol{RT}$ 中的空闲位置的元素填 0.01。额定负荷邻接表 $\boldsymbol{RT}$ 中的元素的顺序和负荷邻接表 $\boldsymbol{LT}$ 中的元素的顺序一致。

定义归一化负荷 $l_n t_{ij} = lt_{ij} / rt_{ij}$，并定义 N 行 4 列的归一化负荷邻接表 $\boldsymbol{L_n T}$ 为

$$\boldsymbol{L_n T} = \begin{pmatrix} l_n t_{11} & \cdots & l_n t_{14} \\ \vdots & & \vdots \\ l_n t_{N1} & \cdots & l_n t_{N4} \end{pmatrix} \tag{5.10}$$

归一化负荷邻接表 $\boldsymbol{L_n T}$ 中的第一列元素 $l_n t_{i1}$ 描述相应的顶点的归一化负荷；$\boldsymbol{L_n T}$ 中的第二列元素 $l_n t_{i2}$ 至第四列元素 $l_n t_{i4}$ 描述相应的顶点为端点的边的归一化负荷。$\boldsymbol{L_n T}$ 中的元素的顺序和负荷邻接表 $\boldsymbol{LT}$ 中的元素的顺序一致。

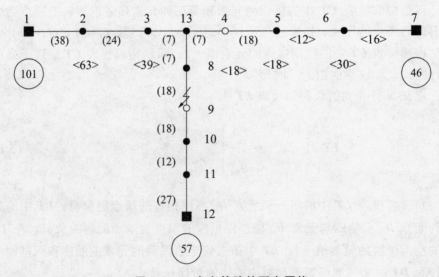

图 5.3　一个有故障的配电网络

例如，对于图 5.3 所示的配电网，其 **DT**、**CT** 和 **LT** 分别为

$$
DT = \begin{bmatrix}
2 & 1 & 2 & -1 & -1 \\
0 & 1 & 1 & 3 & -1 \\
0 & 1 & 2 & 13 & -1 \\
0 & 0 & 13 & 5 & -1 \\
0 & 0 & 4 & 6 & -1 \\
0 & 0 & 5 & 7 & -1 \\
2 & 0 & 6 & -1 & -1 \\
0 & 1 & 13 & 9 & -1 \\
0 & 0 & 8 & 10 & -1 \\
0 & 0 & 9 & 11 & -1 \\
0 & 0 & 10 & 12 & -1 \\
2 & 0 & 11 & -1 & -1 \\
1 & 0 & 3 & 4 & 8
\end{bmatrix},\quad
CT = \begin{bmatrix}
1 & -1 & -1 & 2 & -1 \\
1 & 1 & -1 & 3 & -1 \\
1 & 2 & -1 & 13 & -1 \\
0 & 5 & 13 & -1 & -1 \\
1 & 6 & -1 & 4 & -1 \\
1 & 7 & -1 & 5 & -1 \\
11 & -1 & -1 & 6 & -1 \\
1 & 13 & -1 & 9 & -1 \\
0 & 8 & 10 & -1 & -1 \\
1 & 11 & -1 & 9 & -1 \\
1 & 12 & -1 & 10 & -1 \\
1 & -1 & -1 & 11 & -1 \\
1 & 3 & -1 & 4 & 8
\end{bmatrix},\quad
LT = \begin{bmatrix}
101 & 38 & -1 & -1 \\
63 & 38 & 24 & -1 \\
39 & 7 & 24 & -1 \\
0 & 7 & 18 & -1 \\
18 & 18 & 12 & -1 \\
30 & 12 & 16 & -1 \\
46 & 16 & -1 & -1 \\
18 & 7 & 18 & -1 \\
0 & 18 & 18 & -1 \\
18 & 18 & 12 & -1 \\
30 & 12 & 27 & -1 \\
57 & 27 & -1 & -1 \\
32 & 7 & 7 & 7
\end{bmatrix}
$$

5.3.2 配电网络拓扑

配电网络拓扑实际上是根据配电网架结构（**DT**）和开关当前状态（**CT** 第一列）求出配电网的运行方式（**CT** 其余各列）的过程，称该过程为基形变换。

例如，图 5.4（a）所示的网架结构，节点 1 和 6 是源点。假如节点 3 处于分状态，其余节点均处于合状态，则基形变换过程结束后，得到的网形如图 5.4（b）所示。

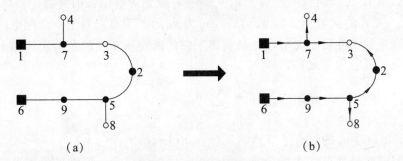

（a）　　　　　　　　　　　　　（b）

图 5.4　基形变换示意

在网基中，具有潜在连通关系的一个子系统称为配电网的一个连通系，用 **S** 表示，并称 $S = [v_i, v_j, \cdots, v_k]$ 为该连通系的节点数组。对于一个给定的

配电网络，从其网基结构邻接表 DT 中搜索出它的各个连通系，并得出相应的节点数组的过程称为连通系的分解。

例如，对于图 5.5 所示的网基，经过连通系分解后，得出存在两个连通系，它们的节点数组分别为：$S_1 = [v_1, v_2, v_5, v_6, v_8, v_9, v_{10}, v_{11}, v_{13}]$ 和 $S_2 = [v_3, v_4, v_7, v_{12}]$。

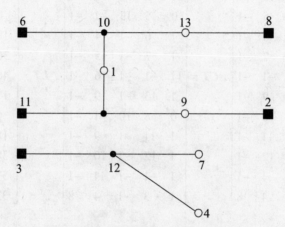

图 5.5   一个具有两个连通系的网基

5.3.3   负荷间的关系

1. 点弧变换

已知配电网中各节点的负荷，根据弧结构邻接表 CT，可以计算出各条弧的负荷，这个过程称为点弧变换。

如果 v_m 为一组弧的起点，$v_i, v_j, \cdots, v_k$ 分别为这组弧的终点，则称 v_m 为 $v_i, v_j, \cdots, v_k$ 的父节点，称 $v_i, v_j, \cdots, v_k$ 为 v_m 的子节点。对于一个配电网络，显然满足如下性质：父节点的负荷等于它的所有子节点的负荷之和加上它的所有同父弧的负荷之和，即

$$lt_{mm} = \sum_{v_n \in a(v)} lt_n + \sum_{v_n \in a(v)} lt_{mn} \tag{5.11}$$

式中，$a(v)$ 为 v_m 的所有子节点的集合，$a(v) = (v_i, v_j, \cdots, v_k)$。

配电网经常存在 T 接分支，为此引入区域的概念。区域是指相互连通的若干馈线段构成的子网络。区域的外部端点全部为馈线开关，其中潮流流入的端点称为该区域的入点，其余端点称为该区域的出点。区域的内部端点全部为 T 接点，没有内部端点的区域实际上就是一段馈线。显然，当线路发生

故障时，区域是故障隔离的最小范围。区域用 $P(v_i, v_j, \cdots, v_m)$ 表示，其中 $v_i, v_j, \cdots, v_m$ 为该区域的端点，并且 v_i（排在最前面的顶点）为该区域的入点，$v_i, v_j, \cdots, v_m$ 为该区域的出点，其余的节点为区域的内点。

例如，对于图 5.3 所示的配电网，共含有 10 个区域，分别为 $P_1 = (1,2)$、$P_2 = (2,3)$、$P_3 = (3,4,8)$、$P_4 = (4,5)$、$P_5 = (5,6)$、$P_6 = (6,7)$、$P_7 = (8,9)$、$P_8 = (9,10)$、$P_9 = (10,11)$、$P_{10} = (11,12)$。

对于一个区域 $P(v_i, v_j, \cdots, v_k)$，区域的负荷与其端点的负荷的关系为

$$lt(v_i, v_j, \cdots, v_k) = lt_{ii} - \sum_{m \in a} lt_{mm} \tag{5.12}$$

区域的负荷与区域内的弧的负荷的关系为

$$lt(v_i, v_j, \cdots, v_k) = \sum_{\alpha \in \beta} lt_\alpha \tag{5.13}$$

式中，α 为区域 P 的末点的集合；β 为区域 P 内的弧的集合。

如果区域 P 的所有内点的负荷均未知，则可以将该区域的负荷平均分配到区域内的各条弧上，即

$$lt_\alpha = \frac{1}{n} lt(v_i, v_j, \cdots, v_k) = \frac{1}{n}\left(lt_{ii} - \sum_{m \in \alpha} lt_{mm}\right) \tag{5.14}$$

式中，n 为区域 P 弧的条数。

上面这些关系式就是点弧变换的依据。

在分支线路的首级分段开关离 T 接点很近的情况下，往往区域的该分支对应的弧的负荷为 0，在点弧变换中，区域内的负荷将只在区域内其他各条弧上分配。此外还可以根据区域内各条馈线上的用电量数据，确定各条边上的负荷比例，从而恰当地分配负荷。

点弧变换的含义实际是根据各开关流过的负荷求出各个馈线供出的负荷。值得注意的是：对于未安装数据采集装置或装置故障的节点，也可以当做 T 接点对待，从而不妨碍整个配电网的计算。

2. 弧点变换

已知配电网中各条弧的负荷，根据弧结构邻接表，可以计算出各节点的负荷，这个过程称为弧点变换。弧点变换的含义是根据各条馈线供出的负荷求出各开关流过的负荷。弧点变换可以根据式（5.11）进行。

5.3.4 配电网简化模型中参数的提取

网基结构邻接表 **DT** 可以根据配电网的线路建设结构构成事先定义的数据库，且可根据配电网的发展而修改、删除和补充。网基结构邻接表 **DT** 中第二列元素，即节点的过电流情况，来源于各开关处安装的数据采集装置的上报信息。比如配电网的电源点的过电流情况由安放在主变电站的 RTU 上报；配电线路的柱上开关的过电流情况由安放在柱上开关下面的 FTU 上报；箱式配电变电站的低压出线开关的过电流情况由安放在箱式配电变电站内的 TTU 上报。

弧结构邻接表 **CT** 中的第一列元素取值，也即各开关的状态，来源于各开关处安装的数据采集装置的上报信息。比如配电网的电源点的状态由安放在主变电站的 RTU 上报，配电线路的柱上开关的状态由安放在柱上开关下面的 FTU 上报，箱式配电变电站的低压出线开关的状态由安放在箱式配电变电站内的 TTU（铁路配电网中可以为 STU）上报。弧结构邻接表 **CT** 中的其他元素可以根据基形变换得到。

负荷邻接表 **LT** 中的第一列元素取值，来源于各开关处安装的 RTU、FTU和TTU上报的流过相应开关的负荷电流信息；负荷邻接表 **LT** 中的其他元素，是根据弧结构邻接表 **CT** 和负荷邻接表 **LT** 中的第一列元素通过点弧变换得出。

额定负荷邻接表 **RT** 中的元素取值是根据电气设备和线路的极限参数，事先定义于数据库，并可根据配电网的发展而修改。

归一化负荷邻接表 $L_n T$ 中的元素是根据负荷邻接表 **LT** 和额定负荷邻接表 **RT** 计算而来。

5.3.5 故障区域判断

假设一条简单配电线路的网络拓扑如图 5.6 所示。线路由配电所 A 主供，配电所 B 备供，对应图中节点分别为 1 和 8。线路有 6 个分段开关，将线路分成 7 个供电区段。当分段开关 5、6 之间发生故障时，各个节点、弧的负荷如图所示。

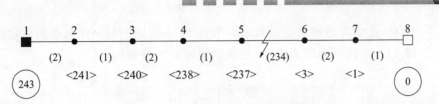

图 5.6 一条简单配电线路的简化模型

由图 5.6 可以得到网基结构邻接表 **DT**、弧结构邻接表 **CT** 和负荷邻接表 **LT** 分别为

$$
DT = \begin{bmatrix} 2 & 1 & 2 & -1 & -1 \\ 0 & 1 & 1 & 3 & -1 \\ 0 & 1 & 2 & 4 & -1 \\ 0 & 1 & 3 & 5 & -1 \\ 0 & 1 & 4 & 6 & -1 \\ 0 & 0 & 5 & 7 & -1 \\ 0 & 0 & 6 & 8 & -1 \\ 2 & 0 & 7 & -1 & -1 \end{bmatrix}, \quad CT = \begin{bmatrix} 1 & -1 & -1 & 2 & -1 \\ 1 & 1 & -1 & 3 & -1 \\ 1 & 2 & -1 & 4 & -1 \\ 1 & 3 & -1 & 5 & -1 \\ 1 & 4 & -1 & 6 & -1 \\ 1 & 5 & -1 & 7 & -1 \\ 1 & 6 & -1 & 8 & -1 \\ 0 & -1 & -1 & 7 & -1 \end{bmatrix}, \quad LT = \begin{bmatrix} 243 & 2 & -1 & -1 \\ 241 & 2 & 1 & -1 \\ 240 & 1 & 2 & -1 \\ 238 & 2 & 1 & -1 \\ 237 & 1 & 234 & -1 \\ 3 & 234 & 2 & -1 \\ 1 & 2 & 1 & -1 \\ 0 & 1 & -1 & -1 \end{bmatrix}
$$

假设额定负荷邻接表 **RT** 为

$$
RT = \begin{bmatrix} 59 & 8 & -1 & -1 \\ 51 & 8 & 5 & -1 \\ 46 & 5 & 12 & -1 \\ 34 & 12 & 9 & -1 \\ 25 & 9 & 7 & -1 \\ 18 & 7 & 10 & -1 \\ 8 & 10 & 8 & -1 \\ 0.000\,1 & 8 & -1 & -1 \end{bmatrix} \tag{5.15}
$$

则计算得到归一化的负荷邻接表 L_nT 为

$$
L_nT = \begin{bmatrix} 4.12 & 0.25 & 1 & 1 \\ 4.73 & 0.25 & 0.2 & 1 \\ 5.22 & 0.2 & 0.17 & 1 \\ 7 & 0.17 & 0.11 & 1 \\ 9.48 & 0.11 & 33.43 & 1 \\ 0.17 & 33.43 & 0.2 & 1 \\ 0.13 & 0.2 & 0.13 & 1 \\ 0 & 0.125 & 1 & 1 \end{bmatrix} \tag{5.16}
$$

从归一化负荷邻接表可以看出，节点 5、6 之间的归一化负荷明显过高，均为 33.43，由此判断节点 5、6 之间的线路发生故障。

5.4 基于人工智能的故障定位方法

由于 FTU 大多安装在户外，其上送信息的准确性和完备性受诸多不利因素的影响，如：① 环境恶劣、温度变化范围较大；② 大多数信息源装在电力线柱上或箱式配电柜内，受强的电磁、雷电等干扰；③ 配网的通信点多而分散，难以采用同一种通信方式(一般都采用混合通信方式)；④ 开关节点松动、FTU 硬件本身的误判等。在实际运行中也表明配电网信息受干扰或丢失的可能性较高。因此，为保证故障定位方法在 FTU 上送的信息存在畸变或者丢失的情况下仍能实现准确定位，增强定位方法的容错能力，可以根据 FTU 上送的过流信息将配电网定位问题转化为 0-1 整数规划问题，然后采用优化算法求解。

现已提出的优化算法很多，如粒子群算法、蚁群算法、遗传算法等，该领域的研究也在不断发展，各种新的算法不断涌现，这些算法为故障定位问题的解决提供了广阔思路[8]。现已提出的利用优化算法进行配电网故障定位的方法很多，各有特色，不一而足，这里对一种基于粒子群优化算法（Partical Swarm Optimization, PSO）的配电网故障定位方法进行介绍。

5.4.1 评价函数的构造

在一个配有 SCADA 系统的配电网中，配电线路被若干个分段开关划分为若干段，且每个开关均装设了 FTU 装置，通过对各个开关 FTU 装置的电流越限门槛进行整定，当电流值大于整定值时，发出电流越限遥信信号并传送至调度控制中心。配电网故障定位功能就是在调度端根据各 FTU 上传的实时故障信息对故障区域进行准确定位，并遥控相应开关对故障区域进行隔离，防止事故的扩大。如图 5.7 所示，FTU 上传故障信息，作为程序的输入，由故障定位程序分析故障信息，输出对于故障区间的判断，用于指导各开关的动作。

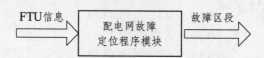

图 5.7　配电网故障定位示意图

各 FTU 上传的故障信息 I_j 反映的是各分段开关处是否流过故障电流（有故障电流为 1，否则为 0），可以通过下式得到[6]

$$I_j = \begin{cases} 1, & I_j^f \geqslant I_{jdz} \\ 0, & \text{其他} \end{cases} \tag{5.17}$$

式中，I_j 为第 j 个分段开关的电流越限信息，电流越限时为 1，反之为 0；I_j^f 为采集到的第 j 个分段开关流过的故障电流；I_{jdz} 为第 j 个分段开关的故障定位定值。

因为 FTU 上传的信息可分为有故障信息及无故障信息两类，对分段区间来讲也只有有故障及无故障两种情况，所以可以对配电网故障定位问题进行 0-1 二进制编码。

以图 5.8 所示辐射状配电网为例，系统拥有 12 个分段开关，我们可以用一串 12 位的二进制代码表示 FTU 的上传信息，作为程序的输入，1 代表 FTU 对应的开关有过流信息，0 代表 FTU 对应的开关无过流信息。同时用另一串 12 位的二进制码串作为程序的输出，1 代表对应馈线区间发生故障，0 代表无故障。假设配电网馈线区段 5 处发生短路故障，则 S_1、S_2、S_3、S_4、S_5 都将流过短路电流，按照以上的编码规则，FTU 的上传信息可表示为[1, 1, 1, 1, 1, 0, 0, 0, 0, 0, 0, 0]，而通过配电网故障定位程序进行故障定位后的输出表示为[0, 0, 0, 0, 1, 0, 0, 0, 0, 0, 0, 0]。

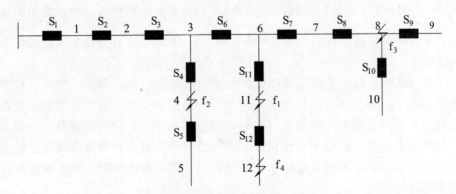

图 5.8　简单辐射状配电网

当图 5.9 所示的配电线路 d 点发生大短路电流故障后，出线断路器 C_{B1} 和分段开关 S_{11}、S_{12} 和 S_{13} 均应流过故障电流，当设备 c 发生故障时，C_{B1}、S_{11} 及 S_{12} 均应流过故障电流，依此类推，可以得出

$$I^*(\text{CB}_1) = a \,\|\, b \,\|\, c \,\|\, d$$
$$I^*(\text{S}_{11}) = b \,\|\, c \,\|\, d$$
$$I^*(\text{S}_{12}) = c \,\|\, d \tag{5.18}$$
$$I^*(\text{S}_{13}) = d$$

式中，$I^*(\text{S}_\text{B}) = \begin{cases} 1, & \text{S}_\text{B}故障 \\ 0, & \text{S}_\text{B}正常 \end{cases}$ ；$\|$表示"或"关系。

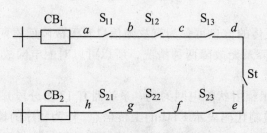

图 5.9 双电源单环网供电线路

可以在式（5.17）基础上定义评价函数

$$F'(i) = \sum_{j=1}^{N}\left| I_j - I_j^*(S_\text{B}) \right| + w \times \sum_{j=1}^{N}\left| S_\text{B}(j,\, i) \right| \tag{5.19}$$

式中，$F'(i)$ 为第 i 个解对应的评价函数；$I_j^*(S_\text{B})$ 为配电网中各测控点期望的状态；N 为通路中测控点的个数；w 为权重，$w \neq 1$；$S_\text{B}(j,\, i)$ 为诊断出故障设备的个数。

式（5.19）构造了单电源辐射状配电网故障定位评价函数。然而，在多电源情况下，评价函数的构造将不同于单一电源的情况。因为此时某一设备故障后，故障点和每个电源点（此时电源点不止一个）之间的分段开关都会有故障电流流过，若按单电源情况下的各分段开关是否有故障电流流过的求解方法，将不能正确判定故障区间。因此对于多电源的情况，需要确定故障电流的方向性。

首先确定各馈线的正方向：假定该网络只由其中某一个电源供电（该电源可以任意选取），馈线的正方向就是由该假定电源向全网供电的功率流出方向。对于一个假定了正方向的配电网，就可以利用单一电源情况下的评价函数。

考虑了配电网方向性之后，某个 FTU 的上传的故障信息状态值为

$$I_j = \begin{cases} 1, & \text{第}j\text{个开关流过故障电流，且故障电流方向} \\ & \text{和规定的网络正方向相同} \\ 0, & \text{其他} \end{cases} \tag{5.20}$$

$I_j^*(S_B)$ 表达式的生成与单一电源情况类似。某个分段开关的期望状态值等于某几个馈线段状态值的"或"运算，参与"或"运算的馈线段的集合就是若其中任一发生故障，则均有故障电流以正方向流过这一测控点的相关馈线段。其他变量的定义及评价函数表达式与单一电源情况完全相同。由此可见，在考虑了正方向之后，多电源配电网的故障定位问题实际上已转化为了单一电源情况下的故障定位问题。

由式（5.19）可以看出，表达式的值为每个潜在解对应的适应度值，值越小表示解越优良，因此评价函数应取极小值。可以通过人工智能算法对式（5.60）进行求解。

5.4.2 粒子群优化算法

粒子群算法是一种群体智能优化算法，具有简单易行、容易实现、收敛性好等优点。该算法将群体中每个个体视为多维搜索空间中一个没有质量和体积的粒子，并且这个粒子在搜索空间中以一定的速度飞行，并根据迭代过程中自身的最优值 p_{best} 和群体的最优值 g_{best} 来不断修正其前进方向和速度，从而形成了正反馈的寻优机制。粒子群优化算法求解优化问题时，粒子的位置代表待优化问题的解，每个粒子性能的优劣程度取决于待优化问题评价函数适应度值的大小。每个粒子由一个速度矢量来决定粒子的飞行方向和速率大小。粒子不断根据当前的最优粒子的位置和记忆自己遇到过的最优解的位置，来改变自己的速度和位置，以此来完成在解空间中进行的搜索。

粒子群优化算法最初是用于解决连续空间的优化问题，为了适应组合优化问题的求解，Kenney 博士和 Eberhart 博士在连续性粒子群算法的基础上，提出了二进制版的粒子群优化算法。在二进制粒子群优化算法中，粒子的位置编码采用二进制方式，即粒子位置的每一维分量被限制为 0 或 1。应用二进制 PSO 算法求解配电网故障定位问题，粒子的位置代表配电网中馈线区段的状态，粒子的维数代表配电网的馈线区段总数。每一馈线区段存在 0 和 1 两种状态，0 表示正常状态，1 表示故障状态，馈线区段的状态为待求量。因此，N 段馈线区段的状态求解就转化成 N 维粒子群优化求解，每个粒子的 N 维位置都表示为配电网 N 段馈线区段的潜在状态。每次迭代过程中，通过评价函数评价各粒子位置优劣，更新粒子的当前最优位置和全体粒子的最优位置，进而更新粒子的速度和位置，直到满足程序终止条件为止。最终得出的粒子群的全局最优位置就是所求的各馈线区段的实际状态。

5.4.3　基于粒子群优化算法的配电网故障定位方法

基于二进制 PSO 算法的配电网故障区间定位流程如下[9]：

（1）根据配电网拓扑结构，对各开关节点和馈线区段进行二进制编码，形成各开关的期望函数；根据 FTU 上传的故障信息形成评价函数。

（2）粒子群初始化：设置粒子群规模 m，粒子维数 D（对应馈线区段总数）及其他参数；初始化每个粒子的位置及速度；设置收敛条件（此处选择最优适应度值连续 20 次无更新则停止迭代）。

（3）根据评价函数式（5.19）计算每个粒子的适应度值，找出自身最优值 p_{best} 和群体最优值 g_{best}，判断是否满足收敛条件，满足则转第（5）步，否则进入第（4）步。

（4）更新粒子的速度及位置，根据评价函数计算新粒子群中每个粒子的适应度值，找出群体最优值 g_{best}，与自身最优值 p_{best}。

（5）判断是否满足收敛条件，不满足则转至第（4）步继续迭代，满足则输出当前群体最优值 g_{best} 及所对应的粒子位置，即为各馈线区段状态。

（6）程序结束。

合适的参数设置可以提高算法获取最优解的概率以及算法收敛性，而不合适的参数设置则可能使算法陷入局部最优甚至不收敛。PSO 算法中参数的选择依赖于具体问题，合适的参数设计需要经过多次试验。表 5.1～5.3 以 IEEE 33 节点配电网为测试对象，通过一些典型故障定位算例测试，分析了种群大小、惯性权重、最大速度限定对算法性能的影响。

表 5.1　种群规模对算法性能的影响（单点故障）

种群大小	典型故障 1		典型故障 2	
	平均迭代次数	最优解概率	平均迭代次数	最优解概率
20	31.36	97.6%	32.09	98.0%
40	25.53	98.4%	24.99	98.6%
60	23.07	99.4%	22.58	99.4%
80	20.80	99.8%	20.25	99.6%
100	19.66	100.0%	19.95	100.0%
120	18.21	100.0%	18.09	100.0%

表 5.2 惯性权重对算法性能的影响

惯性权重	典型故障 1		典型故障 2	
	平均迭代次数	最优解概率	平均迭代次数	最优解概率
0.8	38	0.8%	39.26	1.8%
0.9	38.35	69.6%	37.56	71.2%
1.0	18.21	100.0%	18.09	100.0%
1.1	17.61	98.6%	17.23	97.2%
1.2	20.85	79.2%	21.65	75.6%

表 5.3 最大速度限定对算法性能的影响

最大速度限定	典型故障 1		典型故障 2	
	平均迭代次数	最优解概率	平均迭代次数	最优解概率
0.5	10.24	93.4%	11.08	93.6%
2	14.96	100.0%	14.49	95.4%
3.5	18.14	100.0%	17.98	100.0%
4	18.21	100.0%	18.09	100.0%
4.5	18.32	100.0%	18.34	100.0%
5	18.46	100.0%	18.78	100.0%
6	19.08	99.8%	18.99	100.0%

IEEE 33 节点配电网如图 5.10 所示。表中 2 种典型故障对应图 5.10 中的位置为：

典型故障 1：单点故障信息完备（发生故障 f_1）。

典型故障 2：单点故障伴随信息畸变（发生故障 f_1，节点 7 和 10 信息畸变）。

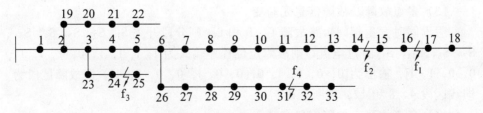

图 5.10 IEEE33 节点配电网

每个算例连续运行 1 000 次，算法终止条件为最优粒子的适应度值连续 20 次迭代无更新，统计不同参数设置下的最优解获取概率和平均迭代次数（已减去停滞次数 20）。

随着初始种群数目的增加，最优解获取概率也随之增大，而算法的平均迭代次数基本呈下降趋势，因此初始种群的增大对于提高算法的性能是有效的。

优秀的惯性因子可以大幅地提高算法获取最优解的概率，但是惯性因子的选择并没有统一的公式，优秀的惯性因子的获取需要一定的经验和试验，并且随着待解决问题的不同而不同。

当最大速度限定较小时，对算法的收敛性影响不大。随着最大速度限定的增大，算法的平均迭代次数呈增加趋势。

通过测试，将二进制 PSO 算法参数设置如下：惯性权重 $\omega = 1$，加速因子 $c_1 = c_2 = 2.1$，最大速度限制 $V_{max} = 4$。如图 5-10 所示的单电源辐射状简单配电网，分别假设单点故障无故障信息畸变、单点故障有故障信息畸变、多点故障无故障信息畸变和多点故障有故障信息畸变 4 种故障情况，验证二进制 PSO 算法求解配电网故障定位的有效性。

(1) 单点故障，故障信息无畸变。

假设发生相间短路故障 f_1，则分段开关 S_1、S_2、S_3、S_6、S_{11} 均有过电流。故障定位程序输入为[1, 1, 1, 0, 0, 1, 0, 0, 0, 0, 1, 0]，输出为[0, 0, 0, 0, 0, 0, 0, 0, 0, 0, 1, 0]，诊断出故障区间为馈线区段 11，判断正确。

(2) 单点故障，故障信息有畸变。

假设发生相间短路故障 f_1，分段开关 S_1、S_2、S_3、S_6、S_{11} 均有过电流。假设上传故障信息中，S_1、S_2 故障信息畸变，则故障定位程序输入为[0, 0, 1, 0, 0, 1, 0, 0, 0, 0, 1, 0]，输出仍为[0, 0, 0, 0, 0, 0, 0, 0, 0, 0, 1, 0]，诊断出故障区间为馈线区段 11，判断正确。对该类故障进行了大量算例仿真，只要关键信息（故障区段两端的分段开关 FTU 信息）未畸变，算法 100% 收敛到正确结果。

(3) 多点故障，故障信息无畸变。

假设同时发生相间短路故障 f_2、f_3 和 f_4，则分段开关 S_1、S_2、S_3、S_4、S_6、S_7、S_8、S_{11}、S_{12} 有过电流。则故障定位程序输入为[1, 1, 1, 1, 0, 1, 1, 1, 0, 0, 1, 1]，输出为[0, 0, 0, 1, 0, 0, 0, 1, 0, 0, 0, 1]，即故障区段为馈线区段 4、8 和 12，判断正确。

(4) 多点故障，故障信息有畸变。

假设同时发生相间短路故障 f_2、f_3 和 f_4，则分段开关 S_1、S_2、S_3、S_4、S6、

S_7、S_8、S_{11}、S_{12} 有过电流。假设上传故障信息中，S_1、S_2 故障信息畸变，则故障定位程序输入为[0, 0, 1, 1, 0, 1, 1, 1, 0, 0, 1, 1]，输出仍为[0, 0, 0, 1, 0, 0, 0, 1, 0, 0, 0, 1]，即故障区段为馈线区段4、8和12，判断正确。

此外，基于人工智能算法的故障定位方法还有基于故障投诉信息进行推理的故障定位方法[10]、基于特征向量融合的故障定位方法[11]及基于 Multi-Agent 的配电网故障定位方法[12]等。

5.5 基于注入法的故障定位方法

基于注入法的故障定位方法是通过故障时主动向电力系统注入有别于工频交流的定位信号，借助该定位信号定位故障点，通常也称之为主动式定位。注入法主要包括加信传递函数法、端口故障诊断法、中性点脉宽注入法、S注入法和直流注入法，下面对其分别进行简要介绍。

5.5.1 加信传递函数法

加信传递函数法将输出电流与输出电压或输入电流与输入电压经过一定方式按照线路参数和结构变换后，两者的比值定义为系统的传递函数。任一配电网发生接地故障时必然引起拓扑结构和参数变化，考虑到配电网在同样激励下时域、频域响应不同，得到的传递函数也不同，利用这个原理可实现接地故障定位。

传递函数法对中性点不接地系统具有测距结果不受负载参数变化影响的优点。但由于其取地模网络作为故障定位信息依据，不能解决只存在线模分量的相间短路故障的定位问题。而且对于分支繁多且分支位置和长度相似的配电网，可能出现伪故障点，根据幅频特性峰值点间隔和故障距离的函数关系进行定位，实际的比例系数受线路运行条件的变化很大。鉴于此，加信传递函数法在理论上可行，但在实用化方面还存在不少困难，尚未得到推广应用。

5.5.2 端口故障诊断法

端口故障诊断法是将模拟电路故障诊断理论应用于分布参数传输网故障

诊断，利用单相接地后的故障电压和电流的特点进行测距和定位。从端口方程出发，通过施加音频正弦信号，以比较传输网可测端口故障前后测试信号的变化量为根据，实现自动在线定位故障分支。端口故障诊断法的优点是故障诊断测后工作量小，适用于较大网络的故障诊断；缺点是需输入线路标称参数存在参数容差问题。对于关联在同一起始节点上的分支，倘若这些分支波参数、线长和末端等效负载近似相等，则当其发生故障时，其余分支的伪故障将无法区分开来。

5.5.3 中性点脉宽注入法

根据中性点脉宽注入法所设计的单相接地故障定位系统早已成功开发并经过技术鉴定，现场试验和试运行表明其具有良好的适应性和一定的技术优势，有安全性好、可靠性高等特点。

中性点脉宽信号注入法的原理是当中性点不接地系统发生单相接地时，通过变压器向线路耦合一个特殊信号，这一信号通过变压器中性点、故障线路、接地点和大地形成闭合回路，该信号在故障点之内的线路和大地之间形成通路，而故障点之外的线路没有该信号。特殊信号是安装于变压器中性点处的注入装置，通过控制真空断路器分、合，使中性点经过电阻短时接地，形成的一组矩形波。中性点脉宽信号注入法原理如图 5.11 所示。

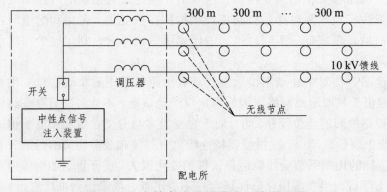

图 5.11　中性点脉宽信号注入法原理图

线上的无线节点判断线上电流是否为大于阈值的突变信号，当连续检测到 4 个中性点信号注入装置所发脉冲后，无线节点认为所挂装线路流过了接地故障电流，这样就提高了检测可靠性。图 5.12 所示为某一中性点脉宽注入

法所选择注入信号的类型，这一组矩形波具有特殊性，第一个脉宽持续时间
250 ms，间隔 750 ms；第二个脉宽持续时间 350 ms，间隔 650 ms；第三个脉
宽持续时间 200 ms，间隔 800 ms；第四个脉宽持续时间 300 ms，间隔 700 ms。
可以看出这组信号与正常负荷电流有明显区别，又与暂载性负荷不同，任何
干扰源都不会产生类似波形；同时，由于投入的时间很短，不会造成大量的
有功功率的损失。为了提高的信号检测的可靠性，将矩形波的幅值设为大于
5 A。线上的无线节点比较线上电流是否为大于 5 A 的突变信号，当连续检测
到 4 个中性点信号注入装置所发脉冲后，无线节点认为所挂接线路流过了接
地故障电流，并上送检测信息。

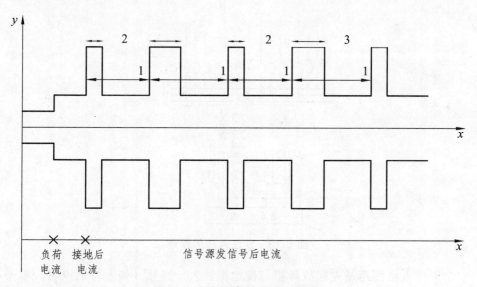

图 5.12 中性点信号注入类型

5.5.4 S 注入法

S 注入法由山东大学桑在中等人提出。在系统发生单相接地时，可以人
为地向系统注入一个特殊电流信号，通过检测注入信号的路径和特征来实
现接地选线、测距和故障定位，这就是 S 注入法。历经多年的发展，S 注入
法现已是一门较为成熟的技术，国内各大电网及油田的实际应用证明它比
传统方法具有明显的优势，能大大提高故障定位效率。国外也有相关的应
用报道。

1. S 注入法的故障定位原理

S 注入法定位是通过查验注入系统信号的通路来实现故障定位的[13]，其原理如图 5.13 所示。图中假设馈线 n 发生 A 相单相接地故障，在故障定位过程中信号注入源将通过母线 PT 向故障相（此时为 A 相）注入一个有别于工频的高频信号，其回路在图中以虚线（1）表示。该注入信号通过 PT 耦合至一次侧，并在信号注入端与接地故障点之间的一段线路中流过，其回路在图中以虚线（2）表示。利用这一特点，通过信号寻迹的方式可以查找出接地分支和接地点的确切位置，实现故障定位。

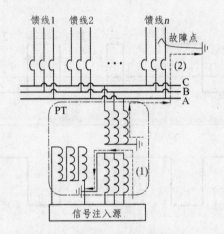

图 5.13　S 注入法的原理

S 注入法测距是先在故障相与接地相注入一高频（如无特别说明，本书所指高频或低频均是对应工频而言）信号，然后通过对该高频信号电压、电流的检测来计算出测量端到故障点之间的电抗，从而实现故障测距，如图 5.14 所示。

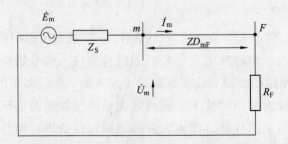

图 5.14　单相接地故障阻抗法测距原理

$$Z_{\mathrm{m}} = \frac{\dot{U}_{\mathrm{m}}}{\dot{I}_{\mathrm{m}}} = ZD_{\mathrm{mF}} + R_{\mathrm{F}} \qquad (5.21)$$

式中，Z 为线路单位长度的阻抗；D_{mF} 为 m 端到故障点 F 的距离；$\dot{U}_{\mathrm{m}}$、$\dot{I}_{\mathrm{m}}$ 分别为 m 端测量点的电压、电流；R_{F} 为故障点的过渡电阻。

取 $\dot{Z}_{\mathrm{m}}$ 的虚部，即可消除 R_{F} 的影响，即

$$\mathrm{Im}[Z_{\mathrm{m}}] = \mathrm{Im}[ZD_{\mathrm{mF}} + R_{\mathrm{F}}] \qquad (5.22)$$

于是测量电抗为

$$X_{\mathrm{m}} = XD_{\mathrm{mF}} \qquad (5.23)$$

式中，X 为线路单位长度的电抗。

然后，将求得的电抗除以单位线路等效电抗，即可求得故障距离。

由于注入信号为高频信号，对地容抗值为工频下的 1/4，在线路过渡电阻不大的情况下，分布电容所导致对地分流值较小，对测距结果影响不大，但在过渡电阻较大时，线路分布电容对信号分流较大，不能忽略其对测量结果的影响。其故障测距等效电路如图 5.15 所示。

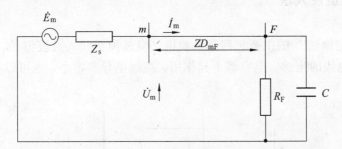

图 5.15　单相故障注入高频信号时故障测距等效电路

$$\begin{aligned}
Z &= \frac{\dot{U}}{\dot{I}} = ZD_{\mathrm{mF}} + \frac{R_{\mathrm{F}}}{\mathrm{j}2\pi f CR_{\mathrm{F}} + 1} \\
&= ZD_{\mathrm{mF}} - \frac{\mathrm{j}2\pi R_{\mathrm{F}}^2 f C}{1 + (2\pi f CR_{\mathrm{F}})^2} + \frac{R_{\mathrm{F}}}{1 + (2\pi f CR_{\mathrm{F}})^2}
\end{aligned} \qquad (5.24)$$

$$\mathrm{Im}[Z] = XD_{\mathrm{mF}} - \frac{2\pi R_{\mathrm{F}}^2 f C}{1 + (2\pi f CR_{\mathrm{F}})^2} \qquad (5.25)$$

2. S 注入法的信号寻迹方式

S 注入法中，信号寻迹方式是非常重要的，它决定了定位的效率，甚至

在一定程度上决定了定位方法的实用性。因此，众多文献致力于完善 S 注入法的信号寻迹方式，提出了很多高效、先进的通信方式。S 注入法的寻迹方式最初采用人工手持探测器沿线查找故障的方式。另外一种传统的寻迹方式是在线上安装故障指示器[14]，故障指示器在线检测注入信号，当检测到注入信号后采用闪光或是翻牌的形式为巡线人员指示注入信号路径。这两种方式虽在一定程度上减轻了巡线人员的工作量，但还是需要巡线人员沿线查找故障，费时耗力，大大降低了 S 注入法吸引力。有文献提出以电力载波的形式将检测信息自动上传，从而大大提高信号上送的效率，提高了定位的速度，不过由于配电网的特点是分支多以及拓扑结构多变，如何使这种寻迹形式良好地适应配电网的特点有待于进一步研究。

随着现代通信技术的不断发展，尤其是无线通信技术的突飞猛进，为完善 S 注入法的信号寻迹方式提供了广阔的思路，如提出了基于 GSM/GPRS、基于 Zigbee、基于无线传感器网络等技术的信号寻迹方式等。

5.5.5 直流注入法

直流定位法[15]的主要思路是从变电站向故障相注入直流信号，对于直流来讲，配电线的电感、电容都不起作用，线间电导非常小，也可以忽略不计，如图 5.16 所示。

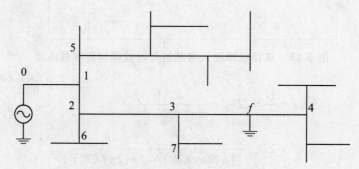

图 5.16 直流注入法示意图

注入直流电流只能通过路径 0→1→2→3→f 流入大地，并由大地返回电源点。通过检测直流注入电流的路径可实现对故障点的定位。直流注入法由于采用直流信号注入，不存在输电线路电感和电容对注入信号的影响，因此存在以下显著优点：① 直流电流信号在中途没有衰减，为准确测量提供了条件；② 线路允许长度不受限制；③ 不受线路有分支影响，对直流来讲，分支和它的下游若没有接地故障，就相当于开路；④ 不受故障点接地电阻影响，通过调整电源输出电压的大小可以保证直流信号的指定数值，只要信号电流保证了，沿线路寻迹就不会出错；⑤ 配电变压器对定位没有影响，因为配电变压器的高压侧是不接地的，相当于一个集中电容，对稳态直流电路，电容相当于开路；⑥ 线路的分布电容不影响定位效果；⑦ 无功补偿电容也不影响定位效果；⑧ 架空线路中有一段电缆或者多个电缆段都不影响直流法的定位效果。但是直流注入法的缺点也是显而易见的，因为直流电流不像交流电流那么容易检测，所以利用直流注入法定位时工作量较大，如何有效地检测注入的直流信号有待进一步研究。

5.6 配电网重构

5.6.1 意 义

配电网络在故障隔离后的重构对于恢复非故障停电区域的供电、实现负荷均衡化、降低线损具有非常重要的意义，其作用主要体现在如下三个方面：

（1）降低配电网线损，提高系统经济性。

不断降低电力系统的能耗和线损，提高电力系统运行的经济效益，是电力系统面临的一项长期课题。在目前我国转变经济发展模式，提倡节约型社会、节能减排的形势下，配电网的重构显得尤为重要。据有关资料，西方主要工业国家的线损率在 5%～8%，但我国为 9% 左右，与发达国家相比尚有差距。1995 年全国城网 110 kV 以下的配电网线损占总线损的 60%，可见降低配电网线损是降损工作的关键之一。在正常运行时，可通过网络重构改善电网运行方式从而达到降低配网网损的目的。

（2）均衡负荷，消除过载，提高供电质量。

在配电网中，由于不同类型负荷的日负荷曲线不同，在变电所的变压器及每条馈线上峰值负荷出现的时间是不同的，通过网络重构，可以将负荷从重负荷或是过载馈线（变压器）转移到轻载馈线（变压器）上，这种转移不仅能调节运行馈线的负荷水平、消除馈线过载、改善电能质量，同时也可以有效地减小整个系统的网损。

(3) 提高供电可靠性。

在配电系统发生故障时,可以打开配电系统中的某些分段开关隔离故障,同时合上某些联络开关把故障线路上的部分或全部负荷转移到其他线路上去,从而达到快速隔离故障和恢复供电的目的。

5.6.2 数学模型

配电网重构的实质是在隔离故障、满足约束条件下,通过改变网络中开关状态,优化配电网的网络结构,从而改善配电系统的潮流分布,使配电系统的线损最小或其他指标达到最优[16]。

1. 重构算法需满足的要求

(1) 重构策略的及时性。

故障发生后,必须在尽可能短的时间内恢复对停电区段的供电,以降低用户的不满意度,提高供电可靠性。

(2) 故障重构策略应尽可能多地恢复停电的负荷。

故障恢复重构策略不仅要尽可能多地恢复停电的负荷、减小停电区域的范围,而且要考虑不同等级的负荷,优先恢复重要负荷的供电。

(3) 开关操作的次数尽可能的少。

一方面设备的总操作次数是有限的,为延长开关的使用寿命,操作的次数越少越好;另一方面,配电网中大部分开关需要工作人员手动操作,由于人工介入,所以也要求操作次数尽量少。

(4) 重构网络的结构变动应尽量少。

(5) 重构过程中不能出现环网和孤岛。

(6) 重构过程中和供电恢复后不能有设备过载。

2. 配电网络重构的目标函数

按照重构的目标不同,可以将配电网络的重构分为降低配电网线损、实现负荷均衡化以及健全区域最佳恢复供电的重构;也有学者提出以提高供电可靠性、提高供电电压质量、提高电压稳定性为目标或综合上述多个指标为目标的配电网络重构。下面介绍配电网络重构的常用目标函数。

(1) 最小化停电区域。

$$\min[f_1(\overline{X})] \tag{5.26}$$

式中，$\overline{X}$ 表示开关状态向量，$\overline{X} = [S_1, S_2, \cdots, S_{N_s}]$，$N_s$ 为开关的总数量，S_i 表示开关 i 的状态（0 和 1 分别代表开和合）；$f_1(\overline{X})$ 表示在开关状态 $\overline{X}$ 的情况下非故障区域的停电区段数量。

（2）最小化开关操作数量。

$$\min[f_2(\overline{X})] = \sum_{i=1}^{N_s} |S_i - S_{0i}| \tag{5.27}$$

式中，$f_2(\overline{X})$ 表示在开关状态 $\overline{X}$ 的情况下的开关操作数量；S_{0i} 表示开关 i 的初始状态。

（3）最小化系统线损。

$$\min[f_3(\overline{X})] = \sum_{j=1}^{M} \left(\frac{P_j^2 + Q_j^2}{V_j^2} \right) r_j k_j \tag{5.28}$$

式中，M 为支路数；P_j、Q_j 为支路 j 末端流过的有功和无功功率；V_j 为支路 j 末端支点的节点电压；r_j 为支路 j 的电阻；k_j 为支路 j 的状态变量，0 代表打开，1 代表闭合。

（4）负荷平衡化。

$$\min[f_4(\overline{X})] = \sum_{i=1}^{N} \left(\frac{S_i}{S_{i\max}} \right)^2 \tag{5.29}$$

式中，S_i 为设备的实际负荷；$S_{i\max}$ 为设备的最大允许负荷；N 为设备总数量。

3. 配电网重构的约束条件

（1）配电网的潮流方程。

网络重构必须满足潮流方程，一般采用前推回代或快速分解算法来计算配电网潮流。

$$AP = D \tag{5.30}$$

式中，A 为节点-支路关联矩阵；P 为馈线潮流矢量；D 为负荷需求矢量。

（2）支路电流及电压约束。

$$\begin{cases} I_i \leqslant I_{i\max} \\ U_{i\min} \leqslant U_i \leqslant U_{i\max} \end{cases} \quad (i = 1, 2, \cdots, n) \tag{5.31}$$

式中，n 为系统节点数；$U_{i\max}$ 和 $U_{i\min}$ 分别为节点 v_i 允许电压上限和下限值；

I_{imax} 为支路 b_i 电流的上限。

（3）供电约束。

配电网必须满足负荷的要求，而且不能有孤立节点。

（4）网络拓扑约束。

配电网一般为闭环设计、开环运行，这就要求重构后的配电网必须为辐射状。

（5）与继电保护及可靠性指标的协调。

网络重构后，网络仍呈辐射状结构，不会使继电保护变得复杂，但要保证网络重构不影响继电保护的可靠动作。

由此可见，随着用户对供电可靠性的要求越来越高，研究如何正确迅速地对失电区恢复供电、提高整个电网的供电可靠性，具有重要的现实意义。故障恢复重构就是当切除故障区段后，在满足一定约束条件下，遵从某些经济指标对网络剩余的部分进行重构，既恢复了非故障区域供电，又使网络处于经济运行状态，从而大大提高配电网运行的可靠性和经济性。

由于配电网中开关数量巨大，配电网重构是一个复杂的多目标、多变量、多约束的非线性最优化问题，其最终的解应该是一系列开关动作组合。该问题的复杂性决定了难以单纯从数学优化问题的角度求解。处理多目标优化问题之一就是降维优化方法，即选择一个主要的目标函数，把其他的目标作为约束处理。现有算法大多以线损最小为目标函数，在满足各种运行条件下，以线损最小为目标函数的配电网重构仍是一个配电网潮流计算，连续的配电网潮流计算必然需要大量的计算时间。为了提高计算速度，保证得出最优或次最优的配电网结构，众多学者尝试了不同的方法来解决配电网重构问题，如遗传算法、启发式搜索方法、专家系统方法、模糊理论、人工神经网络方法等。但是目前的各类算法都有其优缺点和适用范围。鉴于一种算法难以适应配电网多样的运行工况，目前已出现了多种算法相结合的趋势，如优化算法与专家系统相结合、启发式搜索与模糊推理相结合等。

参考文献

[1] 葛耀中. 新型继电保护与故障测距原理与技术[M]. 西安：西安交通大学出版社，1996.

[2] 刘健，倪建立，杜宇. 配电网故障区段判断和隔离的统一矩阵算法[J]. 电力系统自动化，1999，23（1）：31-33.

[3] 梅念，石东源，杨增力，段献忠. 一种实用的复杂配电网故障定位的矩

阵算法[J]. 电力系统自动化，2007，31（10）：66-70.

[4] 丁同奎，陈歆技. 配电网馈线末端故障定位优化算法[J]. 电力系统自动化，2005，29（20）：60-62.

[5] 刘健. 变结构耗散网络——配电网自动化新算法[M]. 北京：中国水利水电出版社，2000.

[6] 刘健，程红丽，毕鹏翔. 配电网的简化模型[J]. 中国电机工程学报，2001，21（12）：77-82.

[7] 梅念，石东源，段献忠. 基于过热区域搜索的多电源复杂配电网故障定位方法[J]. 电网技术，2008，32（12）：95-99.

[8] 杜红卫，孙雅明，刘弘靖，董伟. 基于遗传算法的配电网故障定位和隔离[J]. 电网技术，2000，24（5）：52-55.

[9] 李超文，何正友，张海平. 基于二进制粒子群算法的辐射状配电网故障定位[J]. 电力系统保护与控制，2009，37（7）：35-39.

[10] 束洪春，孙向飞，司大军. 基于故障投诉电话信息的配电网故障定位粗糙集方法[J]. 电网技术，2004，28（1）：64-66，70.

[11] R H Salim, K R Caino de Oliveira, A D Filomena, M Resener, A S Bretas. Hybrid Fault Diagnosis Scheme Implementation for Power Distribution Systems Automation[J]. IEEE Trans. on Power Delivery, 2008, 23（4）：1846-1856.

[12] 刘淑萍，韩正庆，高仕斌. 基于多 Agent 的配电网故障处理方案的研究[J]. 继电器，2004，32（22）：39-43.

[13] 桑在中，张慧芬，潘贞存. 用注入法实现小电流接地系统单相接地选线保护[J]. 电力系统自动化，1996，20（2）：11-12.

[14] 王敏. 配电系统实施自动化的可靠性投资评估[J]. 继电器，2004，22（7）：31-34.

[15] 戚宇林. 中压配电网单相接地故障定位的研究与实现[D]. 北京：华北电力大学，2007.

[16] 刘健等. 复杂配电网简化分析与优化[M]. 北京：中国电力出版社，2002.

第6章 配电网电能质量扰动分析

6.1 引 言

现代社会中，电能是一种广泛使用的二次能源，由于其经济、实用、清洁、容易控制和转换等特点，在工农业生产和人民日常生活中扮演着越来越重要的角色。高质量的电能对于保证电网和电气设备安全、经济运行，提高产品质量和保障居民正常生活有着重要的意义。近年来各种电力电子设备、冲击性与非线性负荷的大量投入，严重影响了配电网的电能质量；同时，用户端大量精密仪器和电子装置的使用以及它们对电能质量的要求不断提高，使得电能质量问题受到了世界范围内电力企业和用户的普遍关注，并吸引了许多高等院校和科研院所的一大批电力科技工作者开展一系列电能质量扰动的监测、分析和治理等研究工作[1]。

电能质量问题按产生和持续时间可分为稳态电能质量问题和暂态电能质量问题[2]。随着电能质量对国民经济影响的逐渐加大和人们对电能质量研究的逐步深入，人们对电能质量扰动关注的焦点已不仅仅是电压、频率和谐波等各项稳态指标，还包括影响电能质量的各种暂态扰动，如短时扰动和振荡暂态等。稳态电能质量的研究已经深入，国内外出台了一系列标准，各种检测设备、监控分析及治理方法也均较成熟。而新型微处理器设备和各种电力电子设备的大量投入，使得暂态电能质量问题日益突出。根据 IEEE 1159 的划分，暂态电能质量扰动主要包括：电压中断、电压暂降、电压暂升，瞬时脉冲、振荡暂态[3]。充分认识暂态电能质量的概念是解决电能质量扰动问题的前提，对电能质量扰动的检测、识别、扰动源定位方法的研究具有重要意义。

针对配电网电能质量扰动问题，有必要采用现代信号处理和智能分析方法等作为电能质量扰动信息提取与分析的手段，构建电能质量扰动"检测-识别-定位"的扰动智能分析系统。图 6.1 所示为本书搭建的配电网电能质量扰动智能分析框架，先在各 PQM（Power Quality Monitor）处分别检测扰

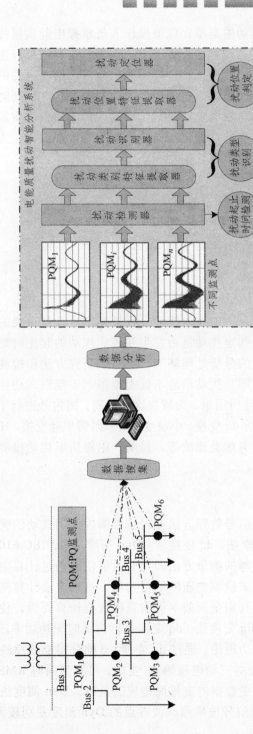

图 6.1　电能质量扰动智能分析基本框架

动的起止时刻并判断扰动的类型，以便操作人员掌握电能质量扰动的实时状况，获取完整的扰动信息；再结合每一个 PQM 的监测信息，定位扰动发生的具体位置。通过对电能质量扰动进行智能化分析，给出全面的扰动分析结果，有利于操作人员掌握配电网电能质量扰动的实时状况；同时通过长期的电能质量扰动监测，全面收集电能质量扰动数据，能为电能质量治理、评估及标准制定等提供数据支持，强化电能质量监督与管理工作，为构建一个大型优质的供电系统提供决策性数据。

6.2 电能质量扰动检测

6.2.1 扰动检测方法

电能质量扰动检测是电能质量扰动分析最基本也是最重要的环节，该环节中通过信号处理方法判定扰动是否发生并确定扰动的起止时刻，以便记录扰动数据并提供给后续的分析处理环节。相对于研究方法和检测理论已较为成熟的稳态电能质量问题，扰动信号不仅类型多、不规则，还伴随着大量噪声，使扰动的精确检测变得困难。为解决这个问题，国内外进行了广泛的研究并提出了众多方法，包括 dq 变换、小波变换、短时傅里叶变换、Hilbert-Huang 变换、动态测度方法和卡尔曼滤波等。目前，电能质量扰动检测方法可分为以下几类：

1. 时域分析方法

时域分析法即利用信号处理方法在时域范围内检测扰动的突变信息，包括有效值法、数学形态学法、dq 变换法、Dyn 测度法等。IEC 61000-4-30（电能质量检测仪标准）推荐的测量方法即为有效值法，通过计算电压的有效值并与设定的阈值比较，来检测电压的幅值变化，这种方法计算简单，易于实现，但由于有效值一般利用全周或半周的采样数据计算而得，使得扰动的起止时刻定位精度不高。dq 变换法（dq 变换也称为瞬时无功功率法）的思想来源于三相电路的瞬时无功理论，通过 dq 变换，d 轴分量能够反映电压均方根值（RMS），即通过理想的三相电压的 dq 变换，可求得瞬时 RMS，从而可以克服有效值计算由于历史数据的支撑而造成的延时。Dyn 测度法利用扰动信号畸变点的 Dyn 测度与信号波峰点、波谷点的 Dyn 测度差别较大这一原理，能够有效识别出信号的畸变点。文献[4]提出了一种基于数学形态学和网格分形的电能质量扰动检测方法，先利用复合形态滤波器进行滤波，再根据自定义的奇异性检测判据，利用网格的变化规律检测扰动起止时刻。文献[5]提出对电压信号进行正负序的双 dq 变换与滤波处理，提取的信息可以表征动态扰动的各项特征值。

2. 时频域分析方法

时频域分析方法即通过信号的时频分析如短时傅里叶变化、小波变换、S 变换、Hilbert-Huang 变换等提取信号突变的幅值、时间、频率等联合信息。电能质量扰动会引起电压波形的快速变化和振荡，通过信号的奇异点分析即能确定扰动的起止时刻。小波变换是一种具有多分辨率分解特性的线性时频分析方法，利用 Mallat 的多分辨率分析算法，通过不断的改变分析的尺度，可以实现对信号进行由表及里、由粗及精的分析，并揭示信号在不同频带内的形态，实现信号时域和频域的定位，利用小波变换的模极大值原理可以确定扰动信号的突变点。另外，短时傅里叶变换和 S 变换因为其变换结果与信号的频谱有简单的对应关系，能够提取信号任意频率分量的特征，提取的这些扰动特征直观，而且有较强抗噪能力。Hilbert-Huang 变换是将扰动信号通过经验模态分解（EMD）方法进行平稳化处理，得到有限个本征模函数（IMF），再对 IMF 进行 Hilbert 变换，利用瞬时频率和幅值检测信号的突变时间及各频率分量和幅度大小。文献[6]针对电压暂降这一研究对象，利用短时傅里叶变换进行了分析，提出了利用 STFT 变换后的基频幅值曲线检测电压幅值，利用暂降发生和结束时产生的高频信号对电压暂降扰动时间定位的方法。文献[7]提出了一种采用固定采样频率与 Haar 小波变换的修正相子法，该方法可快速、准确地检测信号的基波幅值、频率、相位的变化及变化幅度。

3. 预测残差法

预测残差法是利用信号模型或神经网络的预测值与实际采样值的残差来提取扰动的突变特征，即预测残差的极值点对应着扰动信号的突变点。一方面，通过建立信号模型（如衰减正弦信号或自回归模型），采用 MUSIC 等信号参数估计方法或卡尔曼滤波器，利用扰动发生前的采样数据估计的预测值与实际采样值相减得到预测残差；另一方面，神经网络进行训练后也可作为信号预测器，如文献[8]提出利用神经网络如 Adaline 的线性适应神经元作为一个信号预测器，输入为信号的时延采样值，输出为信号的预测值，利用预测信号与原始信号的误差值以及绝对误差的平方根，即可检测扰动信号的突变点。

6.2.2 扰动检测算例分析

结合电能质量扰动信号的特点，笔者构造了一种新的形态非抽样小波，并将其应用于电能质量扰动信号的检测定位[9]。构造的 MUDW 拥有开闭、闭开混合滤波器及可检测突变信号上下边缘的形态梯度的优势，避免了线性小波在分解过程中平滑信号边缘的缺点。扰动信号不需要进行前置滤波处理，可直接在分解过程中获得不受噪声影响的突变信息，且此信息可指示突变极性。定义 MUDW 的信号分析算子 $\psi_j^{\uparrow}$、细节分析算子 $\omega_j^{\uparrow}$ 与信号合成算子 $\Psi_j^{\downarrow}$ 分别为

$$\psi_j^{\uparrow}(x_j) = x_{j+1} = (O_C + C_O)P_{MG_-^+}(x_j)/2 \tag{6.1}$$

$$\omega_j^{\uparrow}(x_j) = y_{j+1} = [i_d - (O_C + C_O)P_{MG_-^+}(x_j)/2](x_j) \tag{6.2}$$

$$\Psi_j^{\downarrow}[\psi_j^{\uparrow}(x_j), \omega_j^{\uparrow}(x_j)] = (O_C + C_O)P_{MG_-^+}(x_j)/2 +$$
$$[i_d - (O_C + C_O)P_{MG_-^+}/2](x_j)$$
$$= x_j \tag{6.3}$$

式中，$x_j \in V_j$；$x_{j+1} \in V_{j+1}$；$y_{j+1} \in W_{j+1}$；i_d 为恒等算子，即 $i_d(x_j) = x_j$，$j = 0, 1, 2, \cdots, J$；$P_{MG_-^+}$ 为形态梯度算子，定义为

$$\begin{cases} P_{g^+} = (x_j \oplus g^+) - (x_j \Theta g^+) \\ P_{g^-} = (x_j \Theta g^-) - (x_j \oplus g^-), x_j \in V_j \\ P_{MG_-^+} = P_{g^+} + P_{g^-} \end{cases} \tag{6.4}$$

其中，具有不同原点位置的结构元素如下：

$$\begin{cases} g^+ = \{g_0, g_1, \cdots, g_{M-1}, \underline{g_M}\} \\ g^- = \{\underline{g_M}, g_{M-1}, \cdots, g_1, g_0\} \end{cases} \tag{6.5}$$

从式（6.4）可看出，MUDW 的信号分析算子由 2 部分组成：① 基于开闭和闭开运算的组合滤波器；② 可检测信号突变的形态梯度。对于同一输入

信号与相同尺寸的结构元素，形态开、闭混合滤波器输出的方差要大于开闭、闭开混合滤波器输出的方差，因此，在构造 MUDW 时，使用开闭与闭开混合滤波器，即 $(O_C + C_O)/2$ 比开、闭混合滤波器可获得更好的滤波效果，减小噪声对突变信息提取的影响。

利用 MATLAB 产生 6 类扰动信号：电压暂升信号、电压暂降信号、电压中断信号、电磁脉冲信号、谐波信号与振荡暂态，1 个周期取 2 000 个采样点，一共 5 个周期 10 000 个数据点。加入信噪比（Signal to Noise Ratio，SNR）为 25 dB 的高斯白噪声，各类信号的 MUDW 检测定位效果如图 6.2 所示，图中"幅值""幅值 1"与"幅值 2"分别表示原始加噪信号、信号经 MUDW 分解后的第 1 层与第 2 层信号的幅值。各类扰动起始时刻与停止时刻的实际值、检测值与误差见表 6.1。

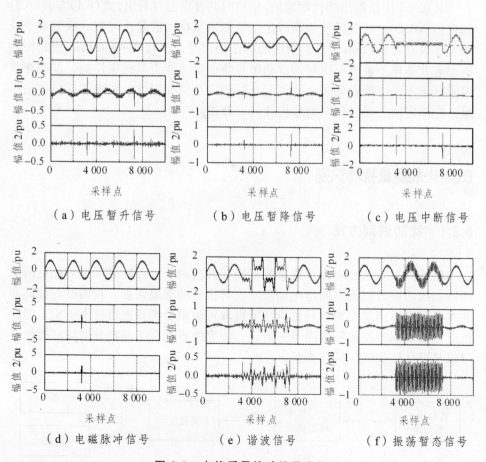

（a）电压暂升信号　　　（b）电压暂降信号　　　（c）电压中断信号

（d）电磁脉冲信号　　　（e）谐波信号　　　（f）振荡暂态信号

图 6.2　电能质量扰动信号定位

表 6.1 扰动起止时刻汇总

扰动信号	扰动起始时刻/ms			扰动结束时刻/ms		
	实际	检测	误差	实际	检测	误差
电压暂升	32.00	32.02	0.02	73.00	73.00	0
电压暂降	32.00	32.01	0.01	73.00	73.00	0
电压中断	32.00	32.01	0.01	73.00	73.00	0
电磁脉冲	32.00	32.00	0	32.30	32.30	0
谐 波	32.00	32.12	0:12	73.00	73.02	0.02
振荡暂态	32.00	32.01	0.01	73.00	73.05	0.05

从表 6.1 中检测出的扰动起始、结束时刻及误差可看出,式(6.1)与式(6.2)构造的 MUDW 能很好地检测与定位电能质量扰动的起止时刻,除谐波信号的定位误差为 0.12 ms 外,其余扰动的定位误差大多在 0～0.02 ms。因此构造的形态非抽样小波具有很好的扰动信号特征描述能力及抗噪性能,即使在强噪声环境下,也能正确指示扰动起止时刻以及突变极性,在电能质量扰动信号的检测定位上具有较好的适应性与可行性。

6.3 电能质量扰动识别

6.3.1 扰动识别方法

电能质量识别是对电能质量扰动类型做出判断,及时准确地对配电网电能质量扰动进行分类是制定电能质量改善措施的重要依据。目前针对此问题的主要研究思路是先对信号进行特征提取再使用分类器进行分类识别。电能质量扰动识别典型流程如图 6.3 所示,研究的重点在于寻找好的特征提取手段以及设计性能优良的分类器。

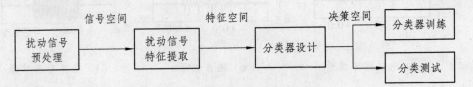

图 6.3 电能质量扰动识别典型流程

1. 扰动信号特征提取

定义和提取一组能够表征和区分不同扰动的良好特征是扰动识别的关键。总的来说，提取的扰动特征必须能够描述不同的扰动类型，且各特征之间的相关性尽量小，从而使特征数量达到最小，以减小后续分类的计算量；同时需要考虑扰动特征的数值稳定性、对噪声的敏感程度及物理意义可解释性等。目前常用的特征提取方法有很多，可以分成以下三类：第一类是基于变换的方法，如短时傅里叶变换、小波变换、S变换、Gabor变换等；第二类是基于统计分析的方法，如高阶矩、能量谱等；第三类是基于子空间的方法，如主成分分析、投影分析。通过将时域扰动信号变换到时频域、信号子空间或二阶、高阶统计分析，可得到扰动信号的均值、方差、有效值、能量、累积量，或在此基础上，利用信息熵等工具计算其他扰动描述特征。

2. 分类器设计

分类器设计是电能质量扰动识别的第二个重要步骤，当输入特征向量确定后，分类的性能就完全决定了最终输出结果的正确性。目前常见的识别方法有：聚类方法（K近邻法、模糊聚类、SVM）、神经网络（概率神经网络、小波神经网络）和规则推理（专家系统）等。神经网络具有简单的结构和很强的问题求解能力，是分类识别的重要方法，但应注意算法存在局部最优、训练时间较长、易发生过拟合等问题。模糊技术的优点是通过简单明了的"IF-THEN"形式的知识规则形成判断，识别效率较高，但同时也限制了模糊技术的运用，因为许多电能质量扰动，例如低频、高频振荡和电压波动以及谐波，很难建立"IF-THEN"这样的明显知识规则。除此之外，还有一些研究者利用快速匹配、专家系统和最近邻等方法进行电能质量自动识别，也取得了一定的成效。近年来支持向量机在电力系统多个领域得到了应用，它是以有限样本统计学习理论为基础发展起来的新的通用学习算法，有效地解决了小样本、高维数、非线性等学习问题，大大提高了学习方法的泛化能力，在电能质量扰动识别中也表现出优良的性能。

结合不同的特征提取手段与分类器，出现了一些很有价值的扰动识别方法。文献[10]分析了由故障、故障自清除、变压器励磁和感应电机启动等原因引起的电压暂降在三相幅值凹凸性、谐波含量、幅值突变次数和相位跳变等方面的不同特征，利用S变换提取并量化了时频域的特征信息，引入了幅度因子、谐波增量、幅值突变次数和最大相位增量等指标，建立了可识别不同电压暂降的专家系统推理算法。文献[11]提取了扰动信息的 5 类小波包熵特征向量，并输入到 SVM 中进行识别。文献[12]首先对电能质量扰动信号的小波包变换系数矩阵进行奇异值分解（Singular Value Decomposition，SVD），将基频、扰动频率分量、噪声分解到不同的正交特征子空间，再与正常电压信号的奇异值作比值以抵消噪声能量的影响，最大限度地体现出扰动类型间的细微差别，以此作为扰动特征向量，输入到最小二乘支持向量机分类器来实现电能质量扰动类型的识别。

6.3.2 扰动识别算例分析

本节介绍一种基于线性时频分布的电能质量扰动识别方法，结合窗口傅里叶变换和 S 变换，提取 5 类能够表征电能质量扰动的特征，并应用一种基于二值化特征阈值矩阵的分类识别算法，先对获得的扰动特征进行分类和二值化编码，再将其与建立的二进制阈值特征矩阵进行对比来判断扰动的类型。扰动识别流程如图 6.4 所示。

基于离散窗口傅里叶变换提取 3 个扰动特征：基频幅值特征 V、波形畸变持续周期数特征 H、扰动过零点次数特征 O。

（1）基频幅值特征 V 描述电能质量扰动信号各周期的基波成分的幅值，计算公式如下：

$$V(n) = \frac{\sqrt{2} \text{abs}[WDFT^n(1)]}{N} \tag{6.6}$$

式中，V 代表信号的幅值特征；n 为信号周期的代号；N 为每周期的采样点数；$WDFT^n(1)$ 代表第 n 个周期基波频率成分。将基频幅值特征 V 按阈值 $V<0.1$，$0.1 \leqslant V \leqslant 0.9$，$0.9<V<1.1$，$V \geqslant 1.1$ 分为 4 类，对应编码为 11，10，00，01。

（2）波形畸变持续周期数特征 H 描述信号中的非基波成分超过阈值的持续时间，以周期数为单位。计算公式如下：

$$H = STHD[THD(1), THD(2), \cdots, THD(n), \cdots, THD(L)] \tag{6.7}$$

式中，L 为待分析信号的周期数；$THD(n)$ 为第 n 个周期的谐波畸变率；$STHD$ 计算信号谐波畸变率超过阈值的周期数，这里的阈值取 0.01。将波形畸变持续周期数特征 H 按阈值 $H<6$、$H \geqslant 6$ 分为 2 类，对应编码为 0，1。

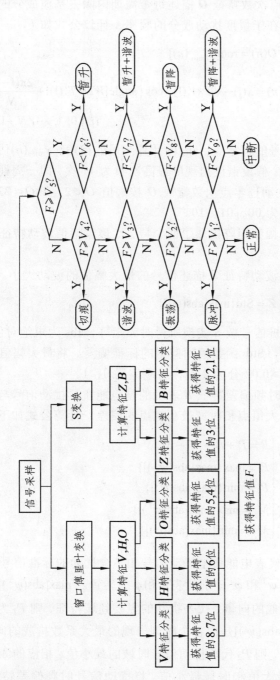

图 6.4 扰动识别流程图

（3）扰动过零点次数特征 **O** 描述每个周期内除去基波成分的扰动波形过零点的次数，目的在于量度扰动成分的频率，计算公式如下

$$O(n) = \text{root}[x_{\text{miss}}(n)] \tag{6.8}$$

其中 $$x_{\text{miss}}(n) = x(i) - \sqrt{2} \times V(1) \times \cos\left\{ \text{angle}[WDFT^1(1)] + \frac{2\pi(i-1)}{N} \right\},$$
$$(i = 0,\ 1,\ \cdots,\ N-1)$$

式中，root 计算信号的过零点；angle 计算向量的相角；$x_{\text{miss}}(n)$ 估算第 n 个周期信号的扰动分量。假设谐波出现的最高次数为 11 次，即一周期内过零点不会超过 22，则将扰动过零点次数特征 **O** 按阈值 $O \leqslant 2$，$2 < O \leqslant 22$，$O \geqslant 22$ 分为 3 类，对应编码为 00，01，10。

基于 S 变换的幅频矩阵提取了两个特征：最大幅值波动特征 **Z** 和扰动信号时频偏差特征 **B**：

（1）最大幅值波动特征 **Z** 描述信号的最大幅值的波动大小。

$$Z = \text{Std}\{\max[\text{abs}(\psi)]\} \tag{6.9}$$

式中，ψ 为对待分析信号做 S 变换所得时频矩阵；abs 为求绝对值函数；max 函数返回列最大值。Std 函数返回向量的标准偏差。将最大幅值波动特征 **Z** 按阈值 $Z < 0.02$、$Z \geqslant 0.02$ 分为 2 类，对应编码 0，1。

（2）扰动信号时频偏差特征 **B** 表现的是电能质量扰动信号与正常信号之间时频矩阵频域最大值点和时域最小值点的偏差，计算公式如下

$$\begin{cases} B = P_1 + P_2 - M_1 - M_2 \\ P_1 = \max\{\max[\text{abs}(\psi^{\text{T}})]\} \\ P_2 = \min\{\max[\text{abs}(\psi)]\} \\ M_1 = \max\{\max[\text{abs}(\varphi^{\text{T}})]\} \\ M_2 = \min\{\max[\text{abs}(\varphi)]\} \end{cases} \tag{6.10}$$

式中，ψ 和 φ 分别代表电能质量扰动信号和不含扰动的标准信号进行 S 变换所得的时频矩阵；ψ^{T} 和 φ^{T} 分别代表 ψ 和 φ 的转置。$\max[\text{abs}(\psi^{\text{T}})]$ 是由各个频率出现最大系数构成的向量，代表扰动的主要频域特征，则 P_1 为扰动信号频域最大值点；$\max[\text{abs}(\psi)]$ 是由各个时刻出现的最大系数构成的向量，代表扰动的主要时域特征，则 P_2 代表扰动信号时域的最小值；相应的 M_1 和 M_2 代表正常信号的频域最大值和时域最小值。将扰动信号时频偏差特征 **B** 按阈值

$B \leqslant -0.000\,5$、$-0.000\,05 < B \leqslant 0.000\,05$、$B \geqslant 0.000\,05$ 分为 3 类，对应编码为 01，00，10。

按上述扰动特征提取方法和划分规则，特征 V，H，O，Z，B 分别分为 4，2，3，2，3 类，分别进行二值化处理后，将以上 5 个特征 V，H，O，Z，B 的编码值依次排列成 8 位二进制特征向量 F。如图 6.4 所示，设定 9 个分类阈值：00000000，00010000，00100000，00101001，01000000，01100000，10000000，10100000，11000000，记为 V_1，V_2，…，V_9。其组成的矩阵称为特征阈值矩阵。利用提取的扰动特征向量 F 与特征阈值矩阵，即能识别出扰动类型。

选取电压暂升、电压暂降、电压中断、暂态脉冲、暂态振荡、电压切痕、谐波 7 种单一扰动信号及暂升和谐波、暂降和谐波两类混合扰动作为分析对象，随机生成每类扰动各 1 000 个样本，根据图 6.4 的扰动识别流程进行扰动分类，结果见表 6.2。从仿真的结果可以看出，基于线性时频分布的扰动识别方法对电能质量 7 种单一扰动和 2 种混合扰动都能够很好的分类，平均识别准确率达 99.71%。因此，基于线性时频分析的扰动识别方法结合窗口傅里叶变换和 S 变换的优点对电能质量扰动信号提取 5 类特征，通过一定的规则对特征进行分组和二值化，建立特征阈值矩阵对扰动进行分类，仿真结果验证了扰动识别方法的有效性。该方法的计算量较小，分类速度快且有较高分类准确率，具有很强的实时性。

表 6.2 扰动识别仿真结果

扰动名称	测试样本	正确	错误	错判类型	正确率
正常	1 000	1 000	0		100%
脉冲	1 000	987	13	正常	98.7%
振荡	1 000	998	2	脉冲	99.8%
谐波	1 000	1 000	0		100%
切痕	1 000	991	9	正常	99.1%
暂升	1 000	1 000	0		100%
暂升＋谐波	1 000	1 000	0		100%
暂降	1 000	997	3	脉冲	99.7%
暂降＋谐波	1 000	998	2	切痕	99.8%
中断	1 000	1 000	0		100%
总和	10 000	9 971	29		99.71%

6.4 电能质量扰动源定位

6.4.1 扰动源定位方法

要解决电能质量扰动问题，首先需要对扰动进行监测及识别，并进行扰动源定位分析以确定扰动的位置，然后才能采取相应的措施缓解扰动或移除扰动源。随着现代电力电子设备的广泛应用，电力系统中电容器投切会造成一些线路电压或电流的高频暂态，损害敏感器件；另外，电压暂降也成为用户投诉的主要电能质量问题之一。因此，近年来电容器投切及电压暂降日益成为电能质量热点问题。目前，配电网电能质量扰动源的定位研究也主要是针对这两类最常见的扰动，对电压暂降源与电容投切源进行定位，用于定位的信息来自于联网的监测信息。下面分别介绍电容器投切源和电压暂降源定位的相关方法。

1. 电容器投切源定位方法

第一类方法主要是利用电路理论建立整个系统的等效模型，根据已知的系统参数推导 PQ 监测点与电容器的距离。文献[13]建立了辐射型网络的等效模型，通过分析电容器投切引起的电磁暂态总结了多条暂态电压与电流的规律。文献[14]基于长线路等效电路建立了系统分析模型，推导得出了暂态电压的主频、电容器大小与位置的关系解析式。这类方法具有严格的理论推导，但其结论均建立在理想电路的基础上，因此并不具备良好抗噪性，且此类方法多数要求系统参数已知，将其应用于实际系统中存在一定困难。

第二类方法是对监测到的扰动信号进行简单变换，如求取扰动的能量、无功功率以及相角特征等，以判断电容器与监测点的相对位置。文献[15]总结了 4 个基本特征用于判断电容器的相对位置：扰动能量的绝对变化值、变化率，扰动功率的初始峰值以及扰动能量的最大峰值。文献[16]提出运用扰动能量的改变与相角的改变来跟踪并联电容器的位置。文献[17]采用的方法较新颖，利用了电容器投切后系统的无功功率会增加的特点，通过测量无功功率的改变来判断电容器的投切。文献[18]提出使用功率因素的改变以及 dv/dt，di/dt 的极性作为特征来定位扰动源。这类方法是目前应用得最广的方法，它具有计算量小、易于实现的优点，且已在部分实际系统取得应用。

第三类方法使用目前较为先进的数字信号分析手段，如小波变换、二次时频分析等理论，提取了扰动电压或电流的时域、频域或时频特征，并通过这些特征判断扰动源的位置。这类方法实际上是将电容器投切定位问题转换成一个模式识别问题，方法较为灵活，但仍存在计算量较大的问题，文献[19]利用小波变换提取了扰动信号的时频域特征，并通过人工神经网络对这些特征进行了学习分类。

2. 电压暂降源定位方法

第一类方法是利用电压暂降时电压、电流变化，扰动功率及能量流动的方向来判断扰动源。如文献[20]发现，当系统受到影响发生暂降扰动时，电压和电流的幅值会产生变化，根据它们幅值变化的相互联系可以进行定位。电流幅值下降表明测量点位于故障点的下游，而幅值上升表明测量点位于故障点的上游。文献[21]利用从测量装置处获得的基频电压幅值与功率因数的乘积和基频电流幅值之间比值规律，采用最小二乘法将所测数据拟合成直线，通过对直线斜率的判断来确定电压暂降源的位置。文献[22]利用能量流动以及瞬时功率的峰值得到了扰动源的位置，此方法不仅可以判断暂降源的位置，也可判断电容器投切源的位置。文献[23]利用基本信度分配函数对扰动方向进行量化处理，然后通过隶属度函数对扰动功率和扰动能量进行综合定位，得出多测点的扰动方向测度列向量，结合覆盖矩阵得出最终的定位结果。

第二类方法是利用继电保护信息进行暂降源定位的方法，如文献[24]发现暂降发生前后的阻抗值与阻抗角可以很好的指示扰动源的位置，而阻抗的信息可通过距离保护继电器得到。文献[25]利用暂降发生前后的电压电流变化量估计等效阻抗，根据阻抗的实部符号来判断扰动源的方向。因为电压暂降源定位效果易受扰动源位置、扰动源与用户阻抗大小的影响，目前存在的方法还不够完善，对某些类型的电压暂降源定位还不够准确。

6.4.2 扰动源定位算例分析

本节介绍一种基于联网信息的适用于电压暂降和电容器投切两种扰动的定位方法，利用三相电压电流的 Clarke 变换后的α轴分量和β轴分量计算扰动功率和扰动能量，再计算能量差指标和负能比指标，综合电网中多个监测点的信息，利用能量差指标判断扰动发生的大致区域，再根据区域内负能比指标确定扰动源的位置。扰动源定位流程如图 6.5 所示。

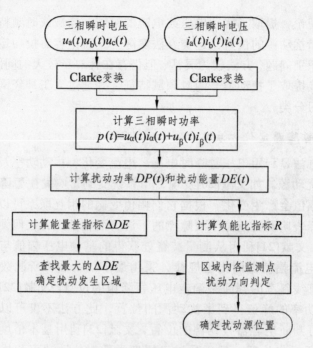

图 6.5 扰动源定位流程

通过 Clarke 变换将 abc 坐标系中的三相瞬时电压和电流 $u_a(t)$，$u_b(t)$，$u_c(t)$，$i_a(t)$，$i_b(t)$，$i_c(t)$ 映射到 αβ0 坐标系中的瞬时电压和电流 $u_\alpha(t)$，$u_\beta(t)$，$u_0(t)$，$i_\alpha(t)$，$i_\beta(t)$，$i_0(t)$。为消除零序功率的影响，利用变换后的 α 轴和 β 轴分量计算三相瞬时功率。

$$p(t) = u_\alpha(t)i_\alpha(t) + u_\beta(t)i_\beta(t) \tag{6.11}$$

则扰动功率 DP 和扰动能量 DE 分别由式（6.12）、（6.13）得到：

$$DP(t) = p_1(t) - p_0(t) \tag{6.12}$$

$$DE(t) = \int DP(t)\mathrm{d}t \tag{6.13}$$

其中，式（6.12）中的 $p_1(t)$、$p_0(t)$ 分别表示扰动发生和系统稳态时的三相瞬时功率。

基于扰动能量定义两个扰动源定位指标：能量差指标和负能比指标。

（1）能量差指标。

$$\Delta DE = DE_1 - DE_0 \tag{6.14}$$

其中，DE_1，DE_0 分别是扰动结束及扰动开始时的扰动能量。电网中各个监测点受扰动影响程度不一样，能量差指标的大小也会有差异，因此比较各个监测点的能量差指标大小可以确定扰动发生的区域。

（2）负能比指标。

$$R = \left| \frac{DE^-}{\Delta DE} \right| \tag{6.15}$$

其中，ΔDE 是扰动的能量差；DE^- 为

$$DE^- = DE_{\min} - DE_0 \tag{6.16}$$

式中，$DE_{\min}$ 是扰动发生期间扰动能量的最小值。设定负能比指标阈值为 0.25，即当 $R < 0.25$ 时，扰动发生在监测点的下游；$R > 0.25$ 时，扰动发生在监测点的上游。

建立如图 6.6 所示的 RTBS-Bus2 配电网模型，仿真不同工况下的电能质量扰动进行定位分析，验证扰动源定位方法对电容器投切和电压暂降定位的有效性。该配电系统包含 4 条馈线、22 个负荷点和 36 条支路，并在每条支

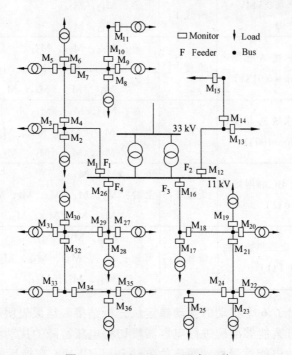

图 6.6 RTBS-Bus2 配电系统

路上配置电能质量监测器。系统中 11 kV 线路的零序、正序阻抗和电容为：$Z_0 = 1.276\ 4 + j1.617\ 1\ \Omega/km$，$Z_1 = 1.131 + j0.312\ 6\ \Omega/km$，$C_0 = 3.99\ nF/km$，$C_1 = 11.28\ nF/km$。线路长度、负荷容量等参数参考文献[26]进行设置。在 RTBS-Bus2 配电系统中，设置不同工况下的电容器投切和短路故障，按照上节的扰动源定位方法的分析流程进行定位分析，大量仿真结果表明基于联网的扰动源定位方案对两种最常见的扰动电容器投切和电压暂降均能正确定位，现以 6 个例子来分析说明扰动源定位方案的适应性，扰动包括 2 个电容器投切和 4 个电压暂降，扰动具体设置见表 6.3。

表 6.3 扰动源定位结果

实例	扰动设置	扰动定位指标分析		扰动源定位结果
		扰动区域	扰动方向判定	
1	线路 L_7 末端 0.1 MV·A 电容器投切	馈线 F_1	下游：M_1，M_4，M_7 上游：M_2，M_3，M_5，M_6，M_8，M_9，M_{10}，M_{11}	L_7 末端 正确
2	线路 L_{14} 末端 0.3 MV·A 电容器投切	馈线 F_2	下游：M_{12}，M_{14} 上游：M_{13}，M_{15}	L_{14} 末端 正确
3	线路 L_{32} 末端 A 相接地短路故障（$R_f = 0.01\ \Omega$）	馈线 F_4	下游：M_{26}，M_{29}，M_{32} 上游：M_{27}，M_{28}，M_{30}，M_{31}，M_{33}，M_{34}，M_{35}，M_{36}	L_{32} 正确
4	线路 L_{32} 末端 A 相接地短路故障（$R_f = 100\ \Omega$）	馈线 F_4	下游：M_{26}，M_{29}，M_{32} 上游：M_{27}，M_{28}，M_{30}，M_{31}，M_{33}，M_{34}，M_{35}，M_{36}	L_{32} 正确
5	线路 L_4 上 BC 相间短路故障（$R_f = 10\ \Omega$）	馈线 F_1	下游：M_1，M_4 上游：M_2，M_3，M_5，M_6，M_7，M_8，M_9，M_{10}，M_{11}	L_4 正确
6	线路 L_{21} 上三相接地短路故障（$R_f = 1\ \Omega$）	馈线 F_3	下游：M_{16}，M_{18}，M_{21} 上游：M_{17}，M_{19}，M_{20}，M_{22}，M_{23}，M_{24}，M_{25}	L_{21} 正确

表 6.3 给出了 6 个扰动的扰动源定位分析结果，结果表明基于联网信息的扰动源定位方案能够准确进行电容器投切和电压暂降的扰动源定位。因此，基于扰动能量的电能质量扰动源定位方法利用 Clarke 变换后的α轴和β轴分量计算扰动功率和扰动能量，能够很好抑制零序功率对不对称短路故障的定

位影响；能量差指标能减小扰动定位的分析范围，负能比率指标能准确指示扰动对监测点的相对位置；扰动源定位方法能准确判断电容器投切和电压暂降发生的位置，该方法对两种扰动定位均具有较好的适应性。

6.5 电能质量扰动分析的难点

随着现代化工业的迅猛发展及各种电力电子设备的广泛应用，先进的设备同时也对电能质量提出了更高的要求，因而电能质量问题越来越受到人们的重视。改善电能质量是保证电力系统安全（包括用户设备的用电安全）、稳定、经济运行的必要条件，是提高国民经济总体效益和用电效益（节能、降损），改善电气环境，以及实现工业生产可持续发展的技术保证。电能质量扰动的检测、识别和扰动源定位分析是电能质量研究领域的一个热点，出现了大量的研究成果，本节分别介绍了利用形态非抽样小波的扰动检测方法、基于线性时频分布的扰动识别方法和基于扰动能量的扰动源定位方法。随着计算机网络技术及小波变换等各种信号处理算法的发展，专家学者们还在不断深入地研究更为实用化的电能质量扰动分析方法和扰动分析系统。总的来说，电能质量扰动分析还存在以下难点：

（1）电能能量扰动信号类型多且同一类型的扰动可能由不同的扰动原因引起，如电压暂降的主要诱因是短路故障、感应电机启动或变压器投运等，因此，现有的各类方法大多只对特定的扰动类型分析有效，需要分析比较各类方法的优缺点并研究它们的配合方式，以便对准平稳或非平稳的各种复杂扰动信号都能够分析处理。

（2）目前大部分电能质量扰动分析方法还处于理论阶段，且部分算法计算量大，动态响应速度跟不上电能质量扰动信号的变化；同时用于离线处理的各种扰动分析方法的实用化也需要进一步研究。

（3）随着计算机网络技术和信息技术的飞速发展及高速暂态录波装置的应用，网络化的电能质量实时监测及分析成为一个重要的发展趋势，多个监测点的大量扰动信号需要更加智能的分析处理方法。

（4）随着风能、太阳能等可再生能源的不断发展，分布式发电系统及混合动力机车等接入大电网势必会带来新的电能质量问题，增加了电能质量扰动分析的复杂性。

参考文献

[1] 林海雪. 现代电能质量的基本问题[J]. 电网技术，2001，25（10）：5-10.

[2] Bollen M. H. J. What is power quality [J]. Electric Power Systems Research，2003，66（1）：5-14.

[3] IEEE Std1159. IEEE Recommended Practice for Monitoring Electric Power Quality[S]. New York，USA，1995.

[4] 李庚银，罗艳，周明，等. 基于数学形态学和网格分形的电能质量扰动检测及定位[J]. 中国电机工程学报，2006，26（3）：25-30.

[5] 李杨，黄纯，石佳. 基于顺序形态学-dq 变换的动态电能质量扰动检测算法[J]. 电工电能新技术，2008，27（2）：51-54.

[6] 赵凤展，杨仁刚. 基于短时傅里叶变换的电压暂降扰动检测[J]. 中国电机工程学报，2007，27（10）：28-34，109.

[7] 陈祥训，刘兵，赵波. 分析电能质量扰动的实小波域修正相子法[J]. 中国电机工程学报，2006，26（24）：37-42.

[8] Abdel-Galil T. K.，El-Saadany E. F.，Salama M. M. A. Power quality event detection using Adaline[J]. Electric Power Systems Research，2003，64（2）：137-144.

[9] 赵静，何正友，贾勇，等. 利用形态非抽样小波的电能质量扰动定位方法[J] .中国电机工程学报. 2009，29（31）：109-114.

[10] 杨洪耕，刘守亮，肖先勇，等. 基于 S 变换的电压凹陷分类专家系统[J]. 中国电机工程学报，2007，27（1）：98-104.

[11] Hu Guo-Sheng，Zhu Feng-Feng，Ren Zhen. Power quality disturbance identification using wavelet packet energy entropy and weighted support vector machines[J]. Expert Systems with Applications，2008，35（1-2）：143-149.

[12] 李天云，陈昌雷，周博，等. 奇异值分解和最小二乘支持向量机在电能质量扰动识别中的应用[J]. 中国电机工程学报，2008，28（34）：124-128.

[13] Saied M M. On the analysis of capacitor switching transients[C]. Kunming，China，2002.

[14] Saied M M. Capacitor switching transients：analysis and proposed technique for identifying capacitor size and location[J]. IEEE Trans. on Power Delivery，2004，19（2）：759-765.

[15] Parsons A C，Grady W M，Powers E J，et al. Rules for locating the sources

of capacitor switching disturbances[C]. Edmonton, Alta, 1999.

[16] Chang G W, Shih M H, Chu S Y, et al. An efficient approach for tracking transients generated by utility shunt capacitor switching[J]. IEEE Trans. on Power Delivery, 2006, 21（1）: 510-512.

[17] Santoso S, Lamoree J D, Mcgranaghan M F. Signature analysis to track capacitor switching performance[C]. Atlanta, USA, 2001.

[18] Kyeon Hur, Santoso S. On Two Fundamental Signatures for Determining the Relative Location of Switched Capacitor Banks[J]. IEEE Trans. on Power Delivery, 2008, 23（2）: 1105-1112.

[19] Abu-Elanien A E B, Salama M M A. A Wavelet-ANN Technique for Locating Switched Capacitors in Distribution Systems[J]. IEEE Trans. on Power Delivery, 2009, 24（1）: 400-409.

[20] Hamzah Noraliza, Mohamed Azah, Hussain Aini. A new approach to locate the voltage sag source using real current component[J]. Electric Power Systems Research, 2004, 72（2）: 113-123.

[21] Li C, Tayjasanant T, Xu W, et al. Method for voltage-sag-source detection by investigating slope of the system trajectory[J]. IEE Pro., Generation, Transmission and Distribution, 2003, 150（3）: 367-372.

[22] Parsons A C, Grady W M, Powers E J, et al. A direction finder for power quality disturbances based upon disturbance power and energy[J]. IEEE Trans. on Power Delivery, 2000, 15（3）: 1081-1086.

[23] 贾清泉, 郭倩, 张绍林, 等. 基于扰动测度的电能质量扰动源定位方法[J]. 电力科学与技术学报, 2010, 25（1）: 49-53.

[24] Pradhan A K, Routray A. Applying distance relay for voltage sag source detection[J]. IEEE Trans. on Power Delivery, 2005, 20（1）: 529-531.

[25] Tayjasanant T, Li C, Xu W. A resistance sign-based method for voltage sag source detection[J]. IEEE Trans. on Power Delivery, 2005, 20（4）: 2544-2551.

[26] Allan R N, Billinton R, Sjarief I. A reliability test system for educational proposes-basic distribution system data and results [J]. IEEE Trans. on Power System, 1991, 6（2）: 813-820.

第 7 章　铁路配电网故障诊断

7.1 引　言

随着国内铁路第六次大提速的实施，目前铁路全线正以确保大提速安全为重点，进行提速基础工程的改造。我国铁路配电网采用自动闭塞和电力贯通线路（简称自闭/贯通线）为铁路系统调度集中、大站电气集中联锁、自动闭塞、驼峰信号等一级负荷提供电源。自闭/贯通线自投入以来，各种故障屡有发生，其短路故障类型有单相接地、三相短路、两相短路等，据统计，其中90%以上的故障是由单相接地引起的。单相接地后会引起非故障相的对地电压升高至原来的$\sqrt{3}$倍，间隙性单相接地引起的暂态过电压有可能达数倍甚至数十倍，长时间带故障运行会对线路的绝缘构成威胁，容易引发其他形式的严重故障；发生相间短路故障时，尽管现有的自闭/贯通线保护装置已能及时动作并进行故障区段的自动隔离，但其直接后果是使该条铁路线路运输停滞，打乱该区域的铁路行车计划。因此，对自闭/贯通线的可靠性和故障快速恢复的要求很高，应及时查找出故障点并予以排除，保证铁路的正常运输。在目前铁路现代化、信息化的发展趋势下，自闭/贯通供电线路自动故障定位的实现势在必行。本章将介绍铁路配电网的特点、自闭/贯通线路故障分析与仿真，并重点介绍基于 FTU 和 S 注入法的铁路自闭/贯通线路故障定位方法。

7.2 铁路配电网简介及其特点

我国铁路配电网是由公共电网供电，由铁路部门自行管理的电力网络，主要由铁路沿线变配电所（站）、自动闭塞电力线路和贯通电力线路、低压变电系统及配套电力设施组成，担负着为铁路沿线传输生产和生活用电的任务。

7.2.1 铁路配电网电力负荷

根据事故停电所造成的后果，铁路用户负荷分为下列三级：

1. 一级负荷

中断供电将造成人身伤亡事故，或在政治上、经济上造成重大损失，造成铁路运输秩序混乱，或造成重大政治、经济影响。属于此类负荷的有：与行车密切相关的自动闭塞、信号机、电气集中、通信枢纽等；与站场相关的调度集中、大站电气集中联锁、驼峰电气集中联锁、大型车站、消防设备，以及医院手术室、局电子计算中心等。

一级负荷应由两路电源供电。

2. 二级负荷

中断供电将在政治上、经济上造成较大损失，或影响重要用电单位正常工作，影响铁路正常运输。属于此类负荷的有：非自动闭塞区段中小站电气集中、通信机械室、给水所、编组站、区段站、红外线轴温探测设备、医院、道口信号等。

二级负荷也应尽量采用两路电源供电，或采用"手拉手"环网供电方式。

3. 三级负荷

不属于一、二级负荷的称为三级负荷。三级负荷可由一路电源供电。

7.2.2 常规电气化铁路自闭/贯通线路

1. 自闭/贯通线路的特点

我国铁路配电网作为铁路沿线信号电源和其他辅助系统的供电网络，通常由铁路沿线的变（配）电所、车站开关站及自闭/贯通线等组成，电压等级为 10 kV 或 35 kV。自闭线负责对自动闭塞区段信号设备供电，贯通线除给自动闭塞区段信号设备提供备用电源外，还可以给沿线各站及生产单位提供生产和部分生活用电。在我国，为了实现安全可靠、经济合理地供电，铁路自闭/贯通配电网在系统构成和功能上与常规电力系统配电网有所区别，图 7.1 所示为传统铁路配电网结构示意图。

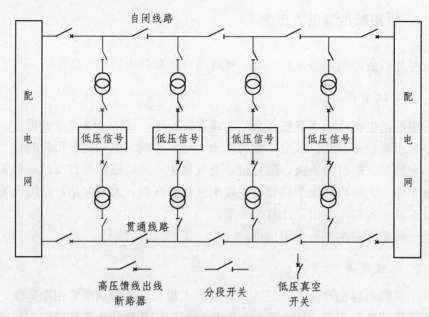

图 7.1　传统铁路配电网结构示意图

铁路配电网属于小电流接地系统，主要有中性点不接地和经消弧线圈接地两种方式，目前也有少数线路尝试采用中性点直接接地运行方式。它主要的特点有：

（1）自闭/贯通母线出线少（一般不超过 2 条）。通常，自闭/贯通母线只为一侧自闭/贯通线路供电，只在少数情况下，才为两侧自闭/贯通线路同时供电。

（2）自闭线和贯通线均为双端电源结构，正常工作时为单电源供电，当线路失压时由对端电源备自投。

（3）供电线路长。10 kV 自闭/贯通线的供电臂一般为 40～60 km，有的地方（没有合适电源或者跨所供电）供电臂长达 70～80 km。

（4）供电点多，供电负荷小。10 kV 自闭/贯通线路经过的车站都有接入点，但信号负荷很小。如图 7.2 所示，在两个变电站间，沿线有许多信号电源接入点，信号负荷主要由一台小型变压器将 10 kV 降至 220 V 供电。一般情况下，负荷容量不大，但数量多，且沿线路均匀分布。

由于信号设备负荷较小，自闭/贯通线路对地分布电容电流所占比重较大，尤其是在电缆较长的情况下甚至超过负荷电流。有些地方为了消除分布电容引起的线路过电压，在线路中加有三相对地电抗负荷以平衡电容电流。

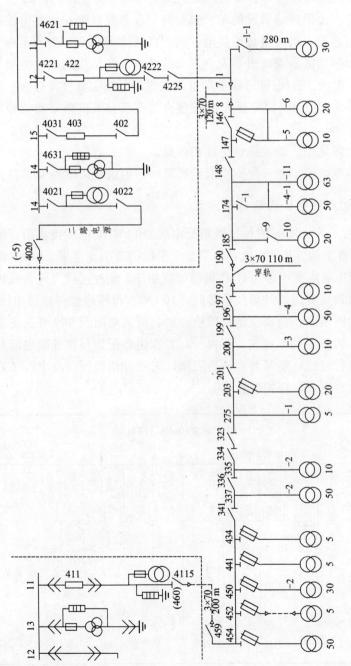

图 7.2 铁路 10 kV 贯通线路

（5）系统接线形式简单，线路为架空线和电缆混合线路。自闭/贯通供电系统的接线是一个沿铁路敷设的单一辐射网，在各变（配）电所沿线基本均匀分布且互相连接，构成手拉手供电方式。自闭/贯通线沿铁路架设架空线，通常为了不影响城区景观或出于安全方面的考虑，在特定的地方将架空线改为敷设电缆。因此，自闭/贯通线常常由架空线与电缆交替分段连接，组成了架空线与电缆的混合线（简称混合线），混合线电气参数的分布特征较单一线更为显著且复杂。

（6）运行环境差，地区偏远，维护困难。

（7）电压等级低，变（配）电所结构单一，但供电可靠性要求高。

2. 铁路电力供电区间的运行方式

图 7.3 所示为一实际的传统铁路配电网 10 kV 配电所接线图。配电所 10 kV 电源来自于地方电力，也有的来自于沿线的牵引变电所。10 kV 进线经过主母线、调压隔离变压器与自闭/贯通母线相连，此种接线方式为系统正常运行方式。当调压变压器故障或检修时，10 kV 主母线通过旁路供电给自闭/贯通母线。如图所示，当调压器故障检修时，则需要断开 409 开关支路，合上 M_{23} 刀闸作为备用供电模式。所内一、二次设备配置与常规配电所基本相同，一次设备有母线、断路器、隔离刀闸、无功补偿装置以及 PT、CT 等，二次设备有各种测量、保护装置等。

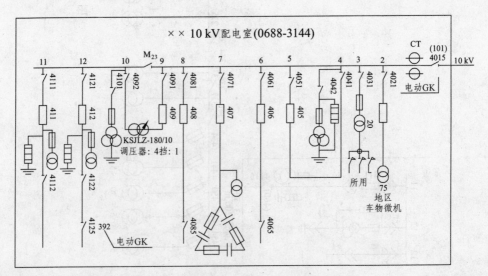

图 7.3　铁路配电网 10 kV 配电所接线图

　　铁路配电网主备供配电所出线开关保护的运行方式决定了该区间自闭/贯通线路的运行方式。目前常用的运行方式包括以下四种:

　　(1) 备自投-重合闸模式。

　　这种模式为最常用的工作模式。当发生永久性相间短路故障时,主供侧保护动作,主供侧出线断路器无时限速断;备自投方经备自投时间后备自投,备自投失败,则备供端出线断路器后加速跳闸;主供侧经重合闸时间延时重合,重合失败,全线停电。

　　(2) 单备自投模式。

　　当发生永久性相间短路故障时,主供侧保护动作,主供侧出线断路器无时限速断;备自投方经备自投时间后备自投,备自投失败,全线停电。

　　(3) 单重合模式。

　　当发生永久性相间短路故障时,主供侧保护动作,主供侧出线断路器无时限速断;主供侧开关经重合闸时间重合,重合失败,全线停电。

　　(4) 重合闸-备自投模式。

　　与备自投-重合闸模式相比,重合闸-备自投模式只是重合、备自投的先后次序发生改变。

　　当发生永久性相间短路故障时,主供侧保护动作,主供侧出线断路器无时限速断;主供侧开关经重合闸时间重合,重合失败,备自投方经备自投时间后备自投,备自投失败,全线停电。

7.2.3　高速铁路电力贯通线路

1. 客运专线电力供电系统构成

　　客运专线是一条以客运为主的双线电气化快速铁路,其特点是速度快、可靠性要求高。目前,在我国已建成了广深、秦沈等客运专线,客运专线进入了一个发展的高潮时期。图7.4所示为一段客运专线电力供电示意图。

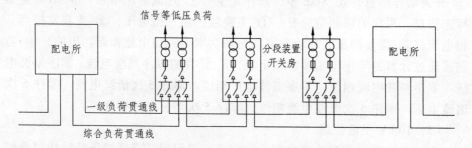

图7.4　客运专线电力供电示意图

从图中可见，客运专线电力供电系统主要包括外部电源、一级负荷贯通线、综合负荷贯通线、10 kV 配电所、分段装置开关房、并联箱式电抗器以及各类低压负荷等。下面对其主要部分作简单介绍。

（1）外部电源。

铁路 10 kV 电力供电系统电源一般取自地方电源带有 10 kV 电压等级的变电所。为保证供电可靠性，一般情况下采用两路电源供电，分别引自不同的变电所。

（2）10 kV 配电所。

10 kV 配电所主要由电源进线、主母线、母联、调压器、贯通母线及其馈出线等构成。客运专线 10 kV 配电所采用室内配电所模式，高压开关柜采用充气式封闭开关柜，为带断路器的 GIS 成套设备。保护采用微机保护综合自动化系统，各间隔测量、保护配置如下。

电源进线配备计费系统，可测量三相电流、有功功率、无功功率、功率因子、有功电能和无功电能等；电源进线保护配置有瞬时电流速段保护、定时限过流保护和低电压保护。

主母线设置测量单元监测三相电压和零序电压；主母线各馈线监测三相电流和零序电流，并配置瞬时电流速段保护、定时过流保护。

母线联络开关配置 BZT 装置和电流速断保护，并设置测量单元监测三相电流。

调压器回路配置瞬时电流速断保护、定时过流保护，并监测三相电流。

贯通母线监测三相电压和三相零序电压。

贯通馈线设置测量单元监测三相电压、三相电流及零序电流和零序电压，并配置有 BZT、CHZ、瞬时电流速段保护、定时过流保护、失压保护和零序电流保护。

所内设置分布式 RTU 装置，应能采集如下信息：① 保护动作信息；② 开关动作信息；③ SOE 事件顺序记录；④ 过流标志信息；⑤ 故障类型标志信息。采集的遥测信息有：① 主要监控点三相电压；② 主要监控点三相电流；③ 需要测量的有功功率、无功功率、有功电能和无功电能；④ 监测或通过计算的零序电压和零序电流；⑤ 计算的零序基波电流、零序基波电压、零序基波电流相位、零序基波电压相位、零序 5 次谐波电流、零序 5 次谐波电压、零序 5 次谐波电流相位、零序 5 次谐波电压相位等。

（3）10 kV 贯通线路。

客运专线供电可靠性要求高，因此系统采用两条贯通馈线给沿线信号和负荷供电。一级负荷贯通线主要作为沿线信号、通信负荷的主要电源；综合负荷贯通线主要供给沿线各红外探测站、电气化站段等重要的小容量负荷及部分隧道、特大型桥梁照明、守卫等负荷用电，并作为沿线各信号、通信负荷的备用电源。贯通馈线采用全电缆线路，为补偿电容电流、保证电压质量，每隔一定距离并联箱式电抗器。

（4）分段装置开关房。

分段装置开关房内贯通高压分段开关采用高压环网柜结构，对贯通馈线分段，低压系统通过箱式变压器供电，10 kV 电源从综合负荷贯通线和一级负荷贯通线各引一路。低压主接线均采用双电源单母线母联断路器分段，正常运行时两路电源同时运行，母联断路器分段，当一路电源失电，母联断路器合闸，由另外一路电源给全所负荷供电。

设置 FTU 装置，将高低压系统监控纳入 FTU，FTU 装置能够采集如下信息：① 高压环网柜进出线负荷开关位置；② 低压开关位置；③ SOE 记录；④ 过流故障标志信息；⑤ 故障类型标志信息。FTU 装置监测的遥测量有：① 高压分段开关处三相电压、三相电流；② 高压三相零序电压、零序电流；③ 计算的零序基波电流、零序基波电压、零序基波电流相位、零序基波电压相位、零序 5 次谐波电流、零序 5 次谐波电压、零序 5 次谐波电流相位、零序 5 次谐波电压相位；④ 低压三相电压、三相电流等。

2. 客运专线电力供电模式与传统铁路的区别

客运专线电力供电模式与传统铁路自闭/贯通配电网存在一些差别，主要表现在：

（1）客运专线电力供电系统主要包括 10 kV 电源进线，10 kV 配电所，一级负荷贯通线，综合负荷贯通线，沿线各车站、信号中继站、桥梁和隧道供电等。客运专线电力供电系统结构相比较传统铁路电力供电更加合理。

（2）客运专线供电可靠性要求更高，系统采用两条贯通馈线给沿线信号和负荷供电。一级负荷贯通线主要作为沿线信号、通信负荷的主要电源；综合负荷贯通线主要供给沿线各红外探测站、电气化站段等重要的小容量负荷及部分隧道、特大型桥梁照明、守卫等负荷用电，并作为沿线各信号、通信负荷的备用电源。贯通馈线采用全电缆供电，也有采用一条架空线路和一条电缆线路供电模式，且采用环网开环运行供电模式。而传统铁路电力供电多采用自闭和贯通两条馈线给沿线信号和负荷供电，多以架空线路为主，故障几率高。

（3）传统铁路配电网信号电源通过 T 接形式连接到高压自闭/贯通线路，而客运专线则采用沿线箱式变压器、室内变电所作为信号等负荷的供电电源，用高压环网柜作为 10 kV 综合负荷贯通线、10 kV 一级负荷贯通线分段开关装置。所以，贯通馈线可以在负荷供电点等接入点处以环网结构形式对长馈线分段，使得段间距离短，故障定位更加精确。

（4）配电所均采用室内开关柜单元结构模式配电所，设备以 GIS 成套设备为主，保护为微机保护综合自动化系统。配电所 10 kV 主接线采用单母线断路器分段的接线形式，设两段主母线，一段为 10 kV 一级负荷贯通母线，一段为 10 kV 综合负荷贯通母线。传统铁路 10 kV 配电所设备陈旧，供电可靠性差，保护多采用老式保护，自动化仅局限于备自投和重合闸的使用。

（5）由于贯通线路长，且客运专线多采用电缆供电，故其对地电容电流较大。因此客运专线贯通馈线每隔一段距离加装并联电抗器，通过线路并联电抗器补偿线路的容性充电电流，限制系统电压升高和操作过电压的产生，保证线路的可靠运行。同时，当发生单相接地短路时，能够防止对地电容电流达到可能致使接地电弧不能自熄的程度，从而避免更大范围的故障，甚至永久性故障的情况发生，保证贯通馈线的可靠运行。

从客运专线电力供电系统与传统铁路配网的区别可以得出，有必要针对客运专线电力供电系统的特点，重新对其故障特征进行总结分析，以便形成客运专线电力供电系统故障诊断的判据。后文将针对客运专线电力供电模式，分析其典型故障特征。

7.3 自闭/贯通线路单相接地故障分析

7.3.1 自闭/贯通线路单相单点接地故障分析

1. 单相单点金属性接地故障分析

假设线路 I 段 A 相 a 点接地，此时，10 kV 自闭/贯通线路单相接地短路电容电流分布情况如图 7.5 所示。

当 a 点接地电阻 $R_{jd} = 0$ 时，即为我们常说的金属性接地。据图 7.5 可画出零序等效网络，如图 7.6 所示。

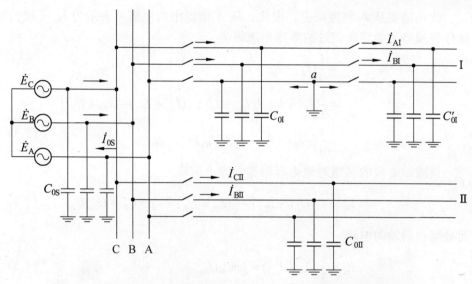

图 7.5　10 kV 自闭/贯通线路单相（A 相）接地短路电容电流分布

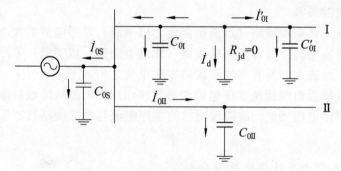

图 7.6　金属性接地零序等效网络

　　根据图 7.6，在非故障线路上，A 相对地电压、电流为零，B、C 相中流有本身的对地电容电流，可以得出如下结果

$$\dot{I}_{0\mathrm{II}} = \frac{1}{3}(\dot{I}_{\mathrm{C\,II}} + \dot{I}_{\mathrm{B\,II}}) = -\mathrm{j}\omega C_{0\mathrm{II}}\dot{U}_{\mathrm{A}} = \mathrm{j}\omega C_{0\mathrm{II}}\dot{U}_{\mathrm{d0}} \tag{7.1}$$

式中，$\dot{U}_{\mathrm{d0}}$ 为故障点的零序电压。

　　对于故障线路 I ，在 B 相和 C 相上，与非故障线路一样，流有它本身的电容电流 $\dot{I}_{\mathrm{B1}}$、$\dot{I}_{\mathrm{C1}}$，而不同之处在于是在接地点要流回全系统 B 相和 C 相对地电容电流之和，其值为

$$\dot{I}_{\mathrm{D}} = (\dot{I}_{\mathrm{B\,I}} + \dot{I}_{\mathrm{C\,I}}) + (\dot{I}_{\mathrm{B\,II}} + \dot{I}_{\mathrm{C\,II}}) + (\dot{I}_{\mathrm{BS}} + \dot{I}_{\mathrm{CS}}) \tag{7.2}$$

此电流要从 A 相流回去，因此，从 A 相流出的电流可表示为 $\dot{I}_{AI} = -\dot{I}_{D}$，这样在线路 I 始端所流过的零序电流则为

$$
\begin{aligned}
\dot{I}_{0I} &= \frac{1}{3}(\dot{I}_{AI} + \dot{I}_{BI} + \dot{I}_{CI}) \\
&= \frac{1}{3}[\dot{I}_{BI} + \dot{I}_{CI} - (\dot{I}_{BII} + \dot{I}_{CII}) - (\dot{I}_{BI} + \dot{I}_{CI}) - (\dot{I}_{BS} + \dot{I}_{CS})] \\
&= \frac{1}{3}(-\dot{I}_{BII} - \dot{I}_{CII} - \dot{I}_{BS} - \dot{I}_{BS})
\end{aligned} \tag{7.3}
$$

设线路 I 段的两组对地电容相等，综上可得

$$
\dot{I}_{0I} = -\frac{1}{3}(\dot{I}_{BII} + \dot{I}_{CII}) - \frac{1}{3}(\dot{I}_{BS} + \dot{I}_{CS}) = -\mathrm{j}\omega(C_{0II} + C_{0S})\dot{U}_{d0} \tag{7.4}
$$

而故障点后端的电流

$$
\dot{I}'_{0I} = \frac{1}{3}(\dot{I}'_{BI} + \dot{I}'_{CI}) = \mathrm{j}\omega C_{0I}\dot{U}_{d0} \tag{7.5}
$$

根据以上分析可得出 10 kV 自闭线路发生金属性单相接地时，系统零序电压和电流的关系：

（1）故障点后端线路（远离电源侧，以下同）零序电流的大小等于本线路的接地电容电流，故障点前端线路（靠近电源侧，以下同）零序电流的大小等于同一母线上，所有非故障线路零序电流之和。

（2）故障点前端线路零序电流滞后零序电压 90°，故障点后端线路零序电流超前零序电压 90°，故障线路前的零序电流与故障线路后的零序电流相位差 180°。

2. 单点非金属性接地故障分析

如图 7.5 所示，线路 I 段 A 相 a 点接地，当 a 点接地电阻 $R_{jd} \neq 0$ 时，称为单点非金属性接地。据图 7.5 可画出此时的零序等效网络如图 7.7 所示。

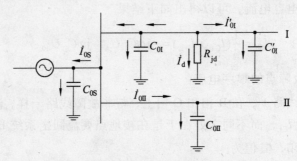

图 7.7　非金属性接地时的零序等效网络

由图可得故障点接地电流为

$$\dot{I}_{d} = \cfrac{\dot{U}_{A}}{R_{jd} + \cfrac{1}{j\omega(2C_{0I} + C_{0II} + C_{0S})}}$$

$$= A\omega(2C_{0I} + C_{0II} + C_{0S})U_{\varphi}e^{j(90°-\alpha)} \qquad (7.6)$$

式中，$\alpha = \arctan\omega(2C_{0I} + C_{0II} + C_{0S})R_{jd}$；$A = 1/\sqrt{1 + [\omega(2C_{0I} + C_{0II} + C_{0S})R_{jd}]^2}$。

故障点处的零序电压 $\dot{U}_0$、$\dot{I}_{0I}$、$\dot{I}_{0II}$、$\dot{I}'_{0I}$ 分别为

$$\dot{U}_0 = A\omega(2C_{0I} + C_{0II} + C_{0S})U_{\varphi}e^{j(90°-\alpha)} \cdot \cfrac{1}{j\omega(2C_{0I} + C_{0II} + C_{0S})} \qquad (7.7)$$

$$= AU_{\varphi}e^{-j\alpha}$$

$$\dot{I}_{0I} = -j\omega(C_{0II} + C_{0S})\dot{U}_0 = A\omega(C_{0II} + C_{0S})U_{\varphi}e^{-j(90°+\alpha)} \qquad (7.8)$$

$$\dot{I}_{0II} = j\omega C_{0II}\dot{U}_0 = A\omega C_{0II}U_{\varphi}e^{j(90°-\alpha)} \qquad (7.9)$$

$$\dot{I}'_{0I} = j\omega C_{0I}\dot{U}_0 = A\omega C_{0I}U_{\varphi}e^{j(90°-\alpha)} \qquad (7.10)$$

比较式（7.8）和（7.9）可知，当线路发生单相接地，且接地电阻不为零时，故障线路始端的零序电流与非故障线路始端的零序电流方向相反。

根据以上分析可知，10 kV 自闭线路发生金属性单相接地时，系统零序电压和电流的关系如下：

（1）故障点前端线路零序电流滞后零序电压 90°，故障点后端线路零序电流超前零序电压 90°。

（2）非故障线路始端的零序电流超前零序电压 90°，故障线路始端的零序电流滞后零序电压 90°，而接地电阻不影响零序电流与零序电压之间的相位差，只影响幅值与初相角。

3. 自闭/贯通线路单点接地故障检测

通过以上的分析，可以利用故障点前后零序电流和零序电压呈现相位差相反等特性来进行故障区段判断。如可在 10 kV 自闭/贯通线路各分段处装设零序电压电流互感器，来测量相应点零序电流。假设线路 I 段 A 相 a 点接地，如图 7.8 所示。

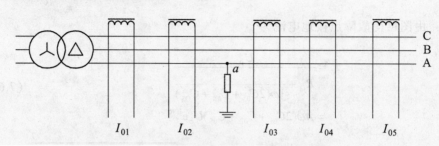

图 7.8　自闭/贯通线路单点接地示意图

设电源对地电容为 C_{0S}，线路各段分布对地电容大小相等分别为 C_{0I}，则由以上分析，可得出

$$\dot{I}_{01} = \mathrm{j}\omega C_{0S}\dot{U}_0 = A\omega C_{0S}U_\varphi \mathrm{e}^{\mathrm{j}(90°-\alpha)} \tag{7.11}$$

$$\dot{I}_{02} = \mathrm{j}\omega(C_{0S} + C_{0I})\dot{U}_0 = A\omega(C_{0S} + C_{0I})U_\varphi \mathrm{e}^{\mathrm{j}(90°-\alpha)} \tag{7.12}$$

$$\dot{I}_{03} = -\mathrm{j}\omega 3C_{0I}\dot{U}_0 = 3A\omega C_{0I}U_\varphi \mathrm{e}^{-\mathrm{j}(90°+\alpha)} \tag{7.13}$$

$$\dot{I}_{04} = -\mathrm{j}\omega 2C_{0I}\dot{U}_0 = 2A\omega C_{0I}U_\varphi \mathrm{e}^{-\mathrm{j}(90°+\alpha)} \tag{7.14}$$

$$\dot{I}_{05} = -\mathrm{j}\omega C_{0I}\dot{U}_0 = A\omega C_{0I}U_\varphi \mathrm{e}^{-\mathrm{j}(90°+\alpha)} \tag{7.15}$$

由上式，可得到如下结论：10 kV 自闭/贯通线路发生单相单点接地时，故障区段前端的各分段处零序电流滞后零序电压 90°，故障区段后端的零序电流超前零序电压 90°，即如图所示，$\dot{I}_{01}$、$\dot{I}_{02}$ 滞后零序电压 $\dot{U}_0$，而 $\dot{I}_{03}$、$\dot{I}_{04}$、$\dot{I}_{05}$ 则超前零序电压 $\dot{U}_0$，根据这一特征可以较准确、快速地找出故障发生区段。

7.3.2　自闭/贯通线路两点异地接地故障分析

假设线路 Ⅰ 段 A 相 a，b 点接地，其中 a，b 两点在不同的区段内，此时的故障称为两点异地接地，如图 7.9 所示。

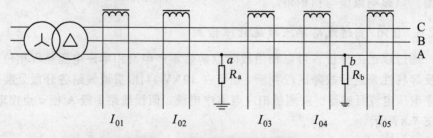

图 7.9　两点异地接地示意图

假设 C_{0S} 为电源对地电容，C_{0I} 线路对地分布电容，R_a，R_b 分别为 a，b 点接地电阻。

令

$$R_{jd} = \frac{R_a \cdot R_b}{R_a + R_b} \tag{7.16}$$

故障点接地电流

$$\dot{I}_D = \frac{1}{R_{jd} + \dfrac{1}{j\omega(C_{0S} + 5C_{0I})}} \dot{U}_A = A\omega(C_{0S} + 5C_{0I})U_\varphi \, e^{j(90°-\alpha)} \tag{7.17}$$

式中，$A = 1/\sqrt{1 + [\omega(C_{0S} + 5C_{0I})R_{jd}]^2}$ ；$\alpha = \arctan\omega(C_{0S} + C_{0I})R_{jd}$。

故障点零序电压为

$$\dot{U}_0 = \dot{I}_D \cdot \frac{1}{j\omega(C_{0S} + 5C_{0I})} = AU_\varphi \, e^{-j\alpha} \tag{7.18}$$

此时系统等效电路如图 7.10 所示。

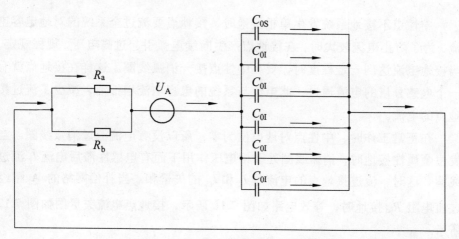

图 7.10 单相两点异地接地等效电路

可得出线路各段处 $\dot{I}_{01}$、$\dot{I}_{02}$、$\dot{I}_{03}$、$\dot{I}_{04}$、$\dot{I}_{05}$ 分别为

$$\dot{I}_{01} = A\omega C_{0S}U_\varphi e^{j(90°-\alpha)} \tag{7.19}$$

$$\dot{I}_{02} = A\omega(C_{0S} + C_{0I})U_\varphi e^{j(90°-\alpha)} \tag{7.20}$$

$$\dot{I}_{03} = \frac{R_a C_{0S} + 2R_a C_{0I} - 3R_b C_{0I}}{R_a + R_b} A U_\varphi e^{-j(90°+\alpha)} \tag{7.21}$$

$$\dot{I}_{04} = \frac{R_a C_{0S} + 3R_a C_{0I} - 2R_b C_{0I}}{R_a + R_b} A U_\varphi e^{-j(90°+\alpha)} \tag{7.22}$$

$$\dot{I}_{05} = -j\omega C_{0I}\dot{U}_0 = A\omega C_{0I}U_\varphi e^{-j(90°+\alpha)} \tag{7.23}$$

根据以上分析,可总结出单相两点异地接地故障的一些特征:

(1) 当 10 kV 自闭/贯通线路发生单相两点异地接地时,第一个故障点前端线路零序电流滞后零序电压 90°,第二个故障点后端线路零序电流超前零序电压 90°。

(2) 两接地点间的零序电流与零序电压的相位差与接地电阻、线路对地电容等有关。

7.3.3 自闭/贯通线路中性点经消弧线圈接地系统单相接地故障分析

中性点不接地系统发生单相接地时,接地点要流过全系统的对地电容电流。为了防止电流较大时,在接地点产生断续电弧引起过高电压,规程规定,当接地电流达到一定程度时,要在中性点接一消弧线圈。这样在接地点就有一个电感分量的电流通过,此电流与系统的电容电流相抵消,减少了流过接地点的电流。

在正常工作时,中性点对地电位为零,所以没有电流流过消弧线圈。当发生金属性接地时,消弧线圈处于相电压作用下而有电感性滞后电流 $\dot{I}_L$ 流过线圈。这时,流过接地点的电流是 $\dot{I}_L$ 和 $\dot{I}_{C_\Sigma}$ 的矢量和。当补偿网络的 A 相经过渡电阻 R_{jd} 接地时,等效电路如图 7.11 所示,接地点电流矢量图如图 7.12 所示。

从矢量图可见,$\dot{I}_{C_\Sigma}$ 和 $\dot{I}_L$ 的相角相差 180°,这样一旦发生单相接地,接地电流因消弧线圈的补偿作用而自动减小或消失,避免了前述可能发生的危害。

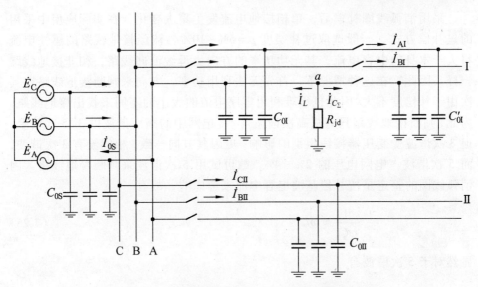

图 7.11 补偿电网单相（A 相）接地等效电路

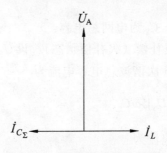

图 7.12 接地点电流矢量图

此时，流过系统接地点的电流为

$$\dot{I}_D = \dot{I}_{C_\Sigma} + \dot{I}_L \tag{7.24}$$

式中，$\dot{I}_L$ 为消弧线圈的补偿电流；$\dot{I}_{C_\Sigma}$ 为系统单相接地时的接地电容电流。

中性点经消弧线圈接地的三相系统与中性点不接地系统一样，允许在发生单相接地的情况下不间断工作 1～2 h。消弧线圈的设置对于瞬时性的接地故障尤为重要，因为它能使接地处的电弧自行熄灭而不致中断供电，在这种中性点经消弧线圈接地的系统中，两个非故障相的对地电压要增大至 $\sqrt{3}$ 倍，即大小与相间电压相等。

采用消弧线圈补偿后，单相接地电流发生重大变化，在实际应用中采用的过补偿方式，一般选取过补偿度 $p = 5\% \sim 10\%$，流经接地线路的感性电流将大于本身的电容电流，其无功功率的方向由母线流向线路，和非接地线路一样。因此，在这种情况下，首先无法利用功率、方向来判断接地线路；其次由于补偿度不大，因此也很难利用零序电流的大小的不同来找出接地线路。为此，判断接地线路只有从高次谐波入手。电网中的高次谐波以 3，5 次较多，但 3 次谐波受变压器接线组别的影响，更因其方向一致，相间没有 3 次谐波，而 5 次谐波占电网电压的 2% ~ 4%，故可试用 5 次谐波来判断接地线路。因消弧线圈的整定是按补偿基波电容电流来考虑的，故有

$$\frac{1}{\omega C_{\Sigma}} \approx \omega L \tag{7.25}$$

显然对于 5 次谐波有

$$\frac{1}{5\omega C_{\Sigma}} \ll 5\omega L \tag{7.26}$$

式中，ω 为基波角频率；C_{Σ} 为电网总电容。

5 次谐波分量不能被补偿（欠补偿状态）。设 $\dot{U}_5$ 为系统等值 5 次谐波电压，则流过接地线路的 5 次谐波总电容电流为

$$\dot{I}_{C_{\Sigma}5} = \dot{U}_5 \mathrm{j} 5 \omega C_{\Sigma} \tag{7.27}$$

流过消弧线圈 5 次谐波电流为

$$\dot{I}_{L_5} = \frac{\dot{U}_5}{\mathrm{j} 5 \omega L} \tag{7.28}$$

取补偿度 $p = 10\%$，且消弧线圈未饱和，则有

$$\frac{\dot{I}_{C_{\Sigma}5}}{\dot{I}_{L5}} = \frac{5\omega C_{\Sigma}}{\frac{1}{5\omega L}} = \frac{25\omega C_{\Sigma}}{1.1\omega C_{\Sigma}} \approx 23 \tag{7.29}$$

由补偿度 $p = 10\%$ 可知

$$\frac{\frac{1}{\omega C_{\Sigma}} - \omega L}{\omega L} = 0.1, \quad \frac{1}{\omega L} = 1.1\omega C_{\Sigma} \tag{7.30}$$

补偿后的 5 次谐波电流

$$\dot{I}_{D5} = \dot{I}_{L5} + \dot{I}_{C_{\Sigma}5}$$

$$= -j\frac{\dot{U}_5}{5} \cdot 1.1\omega C_{\Sigma} + j\dot{U}_5 \cdot 5\omega C_{\Sigma} \qquad (7.31)$$

$$= 4.78\dot{U}_5 j\omega C_{\Sigma}$$

5 次谐波的电容电流远远不能被补偿，此时与不经消弧线圈接地的电网相似，所以当电网发生单相接地时，接地线路 5 次谐波零序电流就基本上等于 5 次谐波电流之和，而非接地线路上的 5 次谐波零序电流就是线路本身的 5 次谐波电容电流，故可利用它们来判断接地线路。

本节通过对自闭/贯通线路单相接地的现状、特点的阐述，对中性点不接地线路的金属性接地、非金属性接地、单相两点异地接地，以及中性点经消弧线圈接地线路的单相单点金属性接地几种故障情况的详细分析，从而得出自闭/贯通线路单相接地故障的特征，见表 7.1。

表 7.1　自闭电力线路单相接地故障特征

故障类型	故障特征描述
单相单点直接接地	（1）故障点后端线路零序电流的大小等于本线路的接地电容电流，故障点前端线路零序电流的大小等于同一母线上所有非故障线路零序电流之和，也就是所有非故障线路的对地电容电流之和。 （2）故障点前端线路零序电流滞后零序电压 90°，故障点后端线路零序电流超前零序电压 90°
单相单点经过渡电阻接地	（1）故障点前端线路零序电流滞后零序电压 90°，故障点后端线路零序电流超前零序电压 90°。 （2）接地电阻不影响零序电流与零序电压的相位关系，只影响幅值和初始相位角
单相两点（或多点）异地接地	（1）第 1 个故障点前端线路零序电流滞后零序电压 90°，第 2 个或最后一个故障点后端线路零序电流超前零序电压 90°。 （2）两接地点间的零序电流与零序电压的相位差与接地电阻、线路对地电容等有关
中性点经消弧线圈接地系统单相单点直接接地	中性点经电抗补偿的系统发生单相接地时，网络中零序电流和零序电压的 5 次谐波具有和不加电抗补偿的系统零序电流电压相同的特性

7.3.4 自闭/贯通线路单相接地故障仿真分析

为了验证前面的理论分析，本节利用 MATLAB / SIMULINK 中的电力系统模块 SimPowerSystems Blockset 对 10 kV 自闭/贯通线路的各种故障进行了动态仿真和分析。仿真实验既可以验证理论分析的正确性，又能加深对故障机理的认识和理解，为后续的故障定位提供必要的参考依据。

1. 自闭/贯通线路故障仿真模型

本节利用 MATLAB/SIMULINK 对铁路 10 kV 自闭/贯通线路的单相接地故障进行了仿真。仿真系统每条线路含 3 个开关站，系统结构如图 7.13 所示。

图 7.13 自闭/贯通线路系统结构图

图中 K_1，K_2，…，K_6 为开关，每段馈线（开关站间距）的长度为 12 km。

虽然不考虑暂态和行波，但后文将对 S 注入法在铁路自闭/贯通线中的适应性进行分析，仿真分析将与频率（高频或低频）相关，因此这里线路选用能较好反映频率变化的贝杰龙模型。贝杰龙模型以一种分布的形式描述了π模型中的电感和电容参数，除了电阻集中之外，贝杰龙模型可看成是无穷多的 π 模型的串联。它可以正确地描述基波的频率；在损耗没有改变的情况下，也可描述非基波频率（如谐波、注入高低频信号）时的阻抗值大小。

按照图 7.13 所示的自闭/贯通线路建立的仿真模型如图 7.14 所示。馈线 1 为自闭线，建模时出于简化目的，把它分为两段，故障均发生在第一段尾（24 km 处）；馈线 2 为贯通线，建模时把 36 km 的输电线路集中在一起，每一条馈线的末端用一个大电阻代替。

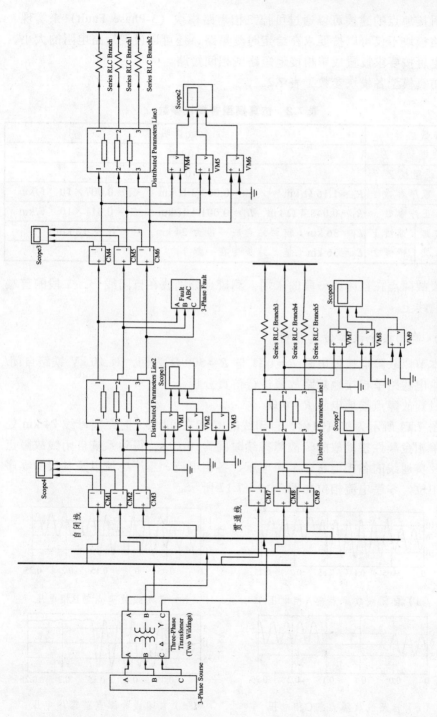

图 7.14 自闭/贯通线路仿真模型

对接地点的建模可以通过可控三相短路模块（3-Phase Fault）来实现。该短路模块不仅可以按要求在给定时刻短路，还可以设置短路电阻的大小，同时也可按要求设置成单相接地短路或相间短路。

仿真模型各模块参数见表 7.2。

表 7.2 仿真模型各模块参数

参数名称			参数说明		
电源电动势 E			10 kV		
系统阻抗 Z			10 Ω		
线路参数	零序参数		$R_0 = 1.16\ \Omega/km$	$L_0 = 0.003\ 3\ H/km$	$C_0 = 0.007 \times 10^{-6}\ F/km$
	正序参数		$R_1 = 0.048\ 4\ \Omega/km$	$L_1 = 0.001\ 1\ H/km$	$C_1 = 0.011 \times 10^{-6}\ F/km$
	线路长度	馈线 1	$L_1 = 36\ km$（前两站合成一段为 24 km，后一段为 12 km）		
		馈线 2	$L_2 = 36\ km$（把三站集中在一起）		

设故障点在自闭线一段的末端，测量点分别放在自闭线一、二段的首端及贯通线上。

2. 单相接地故障仿真分析

本节以故障点接地电阻 $R = 0\ \Omega$ 与 $R = 500\ \Omega$ 为例，对 10 kV 铁路自闭/贯通输电线路单相接地短路故障进行仿真分析。

（1）故障点接地电阻 $R = 0\ \Omega$。

图 7.14 所示为仿真算例，自闭线的 C 相在 0.055 s 时距离母线 24 km 处发生单相金属性接地故障，故障持续时间为 0.10 s，得到系统自闭线故障点前后及贯通线的各相电压、零序电压、各相电流、零序电流以及各段的零序电压相位、零序电流相位如图 7.15～7.17 所示。

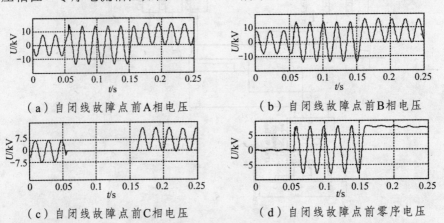

（a）自闭线故障点前A相电压　　　　（b）自闭线故障点前B相电压

（c）自闭线故障点前C相电压　　　　（d）自闭线故障点前零序电压

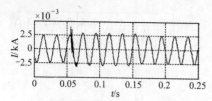

（e）自闭线故障点前A相电流

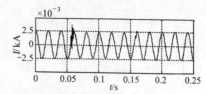

（f）自闭线故障点前B相电流

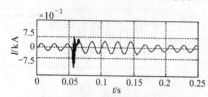

（g）自闭线故障点前C相电流

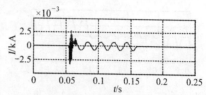

（h）自闭线故障点前零序电流

图 7.15　自闭线故障点前电压、电流仿真结果（$R=0\,\Omega$）

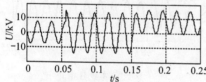

（a）自闭线故障点后A相电压

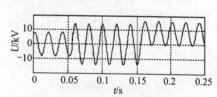

（b）自闭线故障点后B相电压

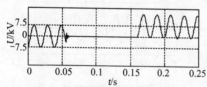

（c）自闭线故障点后C相电压

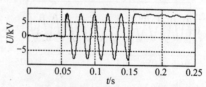

（d）自闭线故障点后零序电压

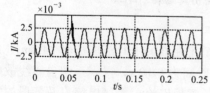

（e）自闭线故障点后A相电流

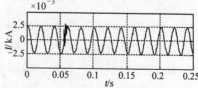

（f）自闭线故障点后B相电流

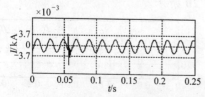

（g）自闭线故障点后C相电流

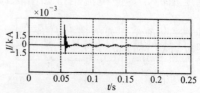

（h）自闭线故障点后零序电流

图 7.16　自闭线故障点后电压、电流仿真结果（$R=0\,\Omega$）

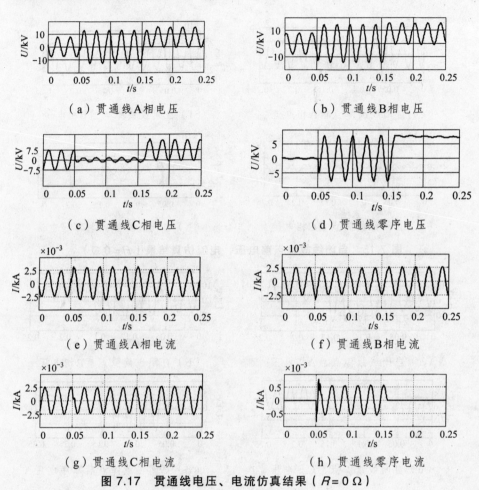

（a）贯通线A相电压　　　　　　　（b）贯通线B相电压

（c）贯通线C相电压　　　　　　　（d）贯通线零序电压

（e）贯通线A相电流　　　　　　　（f）贯通线B相电流

（g）贯通线C相电流　　　　　　　（h）贯通线零序电流

图 7.17　贯通线电压、电流仿真结果（$R=0\ \Omega$）

（2）故障点接地电阻 $R=500\ \Omega$。

如图 7.14 所示仿真算例，自闭线的 C 相在 0.05 s 时距离母线 24 km 处以 $R=500\ \Omega$ 发生单相接地故障，故障持续时间为 0.10 s，得到系统自闭线故障点前后及贯通线的各相电压、零序电压、各相电流、零序电流以及各段的零序电压相位、零序电流相位如图 7.18～7.20 所示。

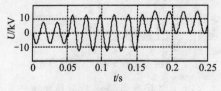

（a）自闭线故障点前A相电压

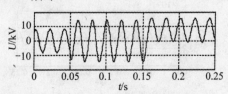

（b）自闭线故障点前B相电压

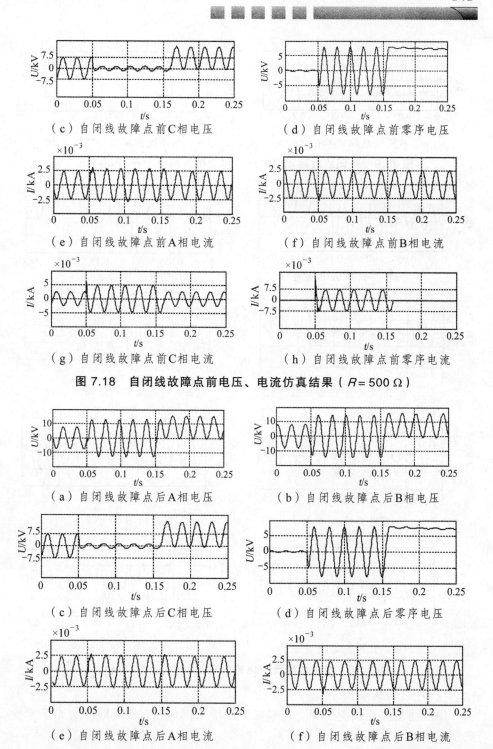

（c）自闭线故障点前C相电压　　　　（d）自闭线故障点前零序电压

（e）自闭线故障点前A相电流　　　　（f）自闭线故障点前B相电流

（g）自闭线故障点前C相电流　　　　（h）自闭线故障点前零序电流

图 7.18　自闭线故障点前电压、电流仿真结果（$R = 500\ \Omega$）

（a）自闭线故障点后A相电压　　　　（b）自闭线故障点后B相电压

（c）自闭线故障点后C相电压　　　　（d）自闭线故障点后零序电压

（e）自闭线故障点后A相电流　　　　（f）自闭线故障点后B相电流

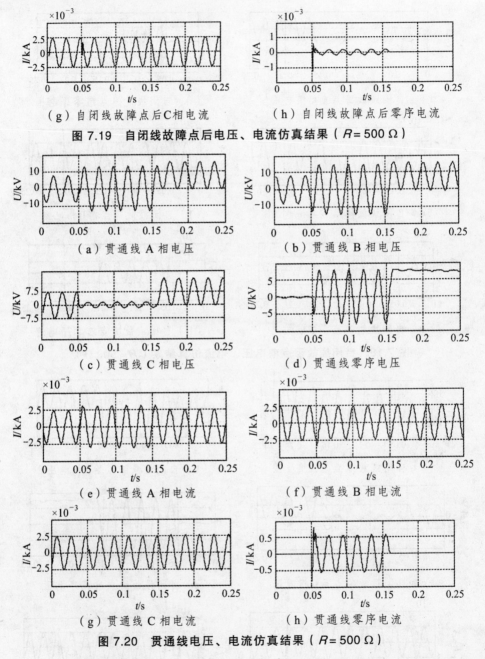

（g）自闭线故障点后C相电流　　　　（h）自闭线故障点后零序电流

图 7.19　自闭线故障点后电压、电流仿真结果（ *R* = 500 Ω ）

（a）贯通线 A 相电压　　　　　　（b）贯通线 B 相电压

（c）贯通线 C 相电压　　　　　　（d）贯通线零序电压

（e）贯通线 A 相电流　　　　　　（f）贯通线 B 相电流

（g）贯通线 C 相电流　　　　　　（h）贯通线零序电流

图 7.20　贯通线电压、电流仿真结果（ *R* = 500 Ω ）

（3）仿真结果分析。

由上述仿真曲线图可知，当系统发生单相接地短路故障时，有如下一些典型特征：

① 故障点发生金属性短路故障时，接地相电压为零，对地电容被短接。其他两个健全相（非故障相）对地电压升高至 $\sqrt{3}$ 倍，即为系统的线电压。

② 故障点发生非金属性短路故障时，随着故障点接地电阻的增大，接地相的电压也在不断增大，非故障相的电压仍升高至 $\sqrt{3}$ 倍。

③ 根据仿真分析，当系统发生单相金属性（$R=0$）接地时，故障点前与故障点后的零序电压的相位角约为 $-151.5°$，但故障点前零序电流相位角约为 $118.6°$，故障点后零序电流相位角约为 $-61.5°$。其相位关系见表 7.3。

表 7.3 U_0 与 I_0 相位关系表

接地过渡电阻 /Ω	相位角				相位关系	
	零序电压		零序电流		U_0 超前/滞后 I_0	
	自闭线故障点前	自闭线故障点后及贯通线	自闭线故障点前	自闭线故障点后及贯通线	自闭线故障点前	自闭线故障点后及贯通线
$R=0$	$-151.3°$	$-151.3°$	$118.6°$	$-61.2°$	$90.1°$	$-90.1°$
$R=500$	$-163.4°$	$-163.4°$	$107.5°$	$-72.3°$	$89.2°$	$-91.0°$

④ 随着故障点接地电阻的增大，系统中馈线各段零序电压的相位角与各段零序电流的相位角也在不断变化，但始终满足这样一个规律：在故障点前端零序电压相位超前零序电流相位 90°，在故障点后端零序电压相位滞后零序电流相位 90°。所以，根据这个特征即可迅速对故障点所在的区段进行定位，同时根据发生故障时馈线中的各相电压变化规律又可对发生故障的线路进行选线。

通过借助 MATLAB/SIMULINK 软件对系统发生单相接地故障时的不同工况进行仿真与分析，验证了发生短路故障时系统电压、电流变化规律及零序电压与零序电流相位规律的正确性，为故障选线与故障定位提供了依据；同时，说明了配电所可以根据所内及开关站各单元侧检测到的线路电压、电流的变化对故障类型进行区分，并验证了该定位方法的可行性。

7.4 自闭/贯通线路典型故障原因分析与处理方法

7.4.1 故障原因分析

现有铁路 10 kV 电力自闭/贯通线路大多穿越崇山峻岭、山川河流、树林村落，交跨于各等级高压、低压线路之间，线路各部件除了承受正常的机械负荷和电力负荷外，还需承受自然灾害以及人为因素的影响，工作环境较为恶劣。因此，引起故障的原因多种多样，归纳起来有如下几种：

（1）线路绝缘强度及机械强度不良或破坏。如：线路瓷瓶、避雷器及绝缘、开关设备支持绝缘子等由于脏污、裂纹、破损导致放电击穿（绝缘子损坏多数因缓慢龟裂及爬电扩展引起）；导线在绝缘子上绑扎不牢造成受力松脱搭连杆塔横担；电缆线路特别是电缆头绝缘老化、受潮击穿，电动力或外力损伤等造成单相接地。

（2）外部环境的影响。风、霜、雨、雪、冰雹、雷电、洪水等自然灾害的袭击，湿的树木、风筝、铁丝、鸟或鸟窝、松股分叉的导线等导电的物体搭落在导电体或设备与接地体间极易造成单相接地。统计表明，雷害和大风大雨引起的故障约占全部故障的 60%。

（3）外界冲击力的影响。机械等外力冲击造成杆塔损伤及单相导线接地，如车辆碰撞引起 10 kV 架空线路倒杆（塔），此类故障多发于站场、路边和路口。

（4）导线弛度过大、过小或不均。弛度过大易受风吹摆动，长期摆动时，导线在与线夹连接的地方因反复曲折造成弯曲部分"疲劳"，发生单股折断，逐渐发展成由外层到内层的断股。导线断股后，机械强度降低又加速了断股的发展，有效载流面积减小容易引起导线因过载而发热，最终造成断线。另外，弛度过大的线路，在夏季气温高时其弛度将会进一步加大，造成导线对地距离相应减小，遇有大风或系统中持续短路冲击时，导线就会发生摆动，从而造成相间和相对杆塔之间、交叉点两线路间发生放电，严重时会引起弧光短路事故甚至混线。同时，导线摆动还容易造成接头处导线曲折损伤、隔离开关支持瓷瓶损坏甚至引起隔离开关触头接触不良或动、静触头间的相互摩擦。弛度过小将会增加导线的拉力，在冬季影响会进一步加剧，风雨天或导线覆冰，则会使导线拉长和拉断，同时损坏线路上的电气设备。在弛度不均情况下，当线路因故摆动时，各部分摆动频率和幅度就会不同，容易造成碰线事故或线间放电闪络故障。

（5）导线、瓷瓶、线夹、电气设备制造上的缺陷及环境影响。如导线有断股，瓷瓶有质量隐患，线夹铜铝过渡部分质量不良，部分电气设备隐性缺陷，环境潮湿、粉尘或化学污染严重等，这些因素容易引起接地、断线事故。

（6）接地故障时薄弱环节被击穿。单相接地时，未接地两相对地电压将升高，若运行时间过长则容易使非故障相绝缘老化，薄弱环节还可能被击穿，发展为线路两相接地短路，造成跳闸、中断供电或电压互感器烧损。最常见的绝缘薄弱环节是避雷器、电缆头、瓷绝缘安装处。

（7）电抗器故障。由于自闭/贯通线路的供电特点是输送功率小，单臂供电距离长，加上线路中还有部分长大电缆，线路参数特征为"容性"。为了平衡电容影响及限制短路故障时短路电流，线路上安装了一定数量的电抗器，当电抗器故障或其高压跌落时，就会造成该段线路对地电容的不平衡，从而引起三相电压的不平衡，造成供电异常。

（8）继电保护装置误动作，造成跳闸，中断供电。

7.4.2 典型故障的处理

一般情况下，在出现故障后，变、配电所的保护、信号装置会有反应，同时还可能有用户或外部人员的一些信息反馈。故障处理的一般原则和程序是：

（1）根据故障现象和特征、故障时的天气情况、线路的技术状况等，经初步分析，判断故障性质、类型。

（2）断开所内故障线路断路器→断开室外隔离开关→合上断路器。根据断路器动作情况及保护、信号装置指示和仪表显示，准确判定故障类型以及是所内故障还是线路故障。

（3）采用"优选法"分段拉路、分段送电的方法确定故障点（段），也可以根据有关信息反馈或利用电务部门信号点微机监控系统辅助判断，有条件使用"故障测试仪"的，可优先投入故障测试仪进行探测。

（4）断开故障点（段）两侧分段装置或隔离开关，隔离故障点（段）。

（5）甲、乙两所同时恢复向线路送电。

（6）组织事故抢修，恢复正常供电。

下面结合一条自闭/贯通线路故障查找与恢复的方案详细阐述各种典型故障的处理流程。图 7.21 所示为故障选查路线图，假设故障发生在配电所 A 与配电所 B 之间。

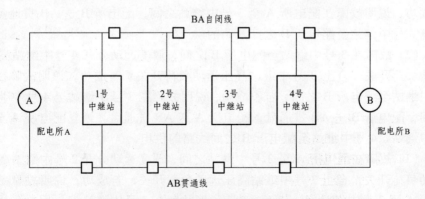

图 7.21 自闭/贯通线路故障选查路线图

1. 自闭线故障

（1）发生故障后，调度端远动分开 2 号中继站高压远动负荷开关，配电所 B 试送 BA 自闭盘：若试送成功，说明故障在配电所 A 与 2 号中继站之间；若试送不成功，说明故障在 2 号中继站与配电所 B 之间，通知配电所 A 送 BA 自闭盘，恢复配电所 A 至 2 号中继站之间线路的供电。

（2）故障在配电所 A 至 2 号中继站之间，调度远动分开 1 号中继站高压负荷开关，合上 2 号中继站高压远动负荷开关：若成功，说明故障在配电所 A 至 1 号中继站之间；若不成功，说明故障在 1 号中继站至 2 号中继站之间，配电所 A 送 BA 自闭盘，配电所 B 送 BA 自闭盘，恢复配电所 A 至 1 号中继站、2 号中继站至配电所 B 之间线路的供电。

（3）故障在 2 号中继站至配电所 B 之间，调度远动分开 3 号中继站高压远动负荷开关，合上 2 号中继站高压远动负荷开关：若成功，说明故障在 3 号中继站至配电所 B 之间；若不成功，说明故障在 2 号中继站至 3 号中继站之间，配电所 A 送 BA 自闭盘，配电所 B 送 BA 自闭盘，恢复配电所 A 至 2 号中继站、3 号中继站至配电所 B 之间线路的供电。

（4）故障在 3 号中继站至配电所 B 之间，调度远动分开 4 号中继站高压远动负荷开关，合上 3 号中继站高压远动负荷开关：若成功，说明故障在 4 号中继站至配电所 B 之间；若不成功，说明故障在 3 号中继站至 4 号中继站之间，配电所 A 送 BA 自闭盘，配电所 B 送 BA 自闭盘，恢复配电所 A 至 3 号中继站、4 号中继站至配电所 B 之间线路的供电。

2. 贯通线故障

（1）发生故障后，调度端远动分开 3 号中继站高压远动负荷开关，配电所 A 试送 AB 贯通盘：若成功，说明故障在 3 号中继站至配电所 B 之间；若不成功，说明故障在配电所 A 至 3 号中继站之间，配电所 B 送 AB 贯通盘，恢复 3 号中继站至配电所 B 之间线路的供电。

（2）故障在 3 号中继站至配电所 B 之间，调度远动分开 4 号中继站高压远动负荷开关，合上 3 号中继站高压远动负荷开关：若成功，说明故障在 4 号中继站至配电所 B 之间；若不成功，说明故障在 3 号中继站至 4 号中继站之间，配电所 B 送 AB 贯通盘，配电所 A 送 AB 贯通盘，恢复配电所 A 至 3 号中继站、4 号中继站至配电所 B 之间线路的供电。

（3）故障在配电所 A 至 3 号中继站之间，调度远动分开 2 号中继站高压远动负荷开关，合上 3 号中继站高压远动负荷开关：若成功，说明故障在配电所 A 至 2 号中继站间；若不成功，说明故障在 2 号中继站到 3 号中继站之间，配电所 A 送 AB 贯通盘，配电所 B 送 AB 贯通盘，恢复配电所 A 至 2 号中继站、3 号中继站至配电所 B 之间线路的供电。

（4）故障在配电所 A 至 2 号中继站之间，调度远动分开 1 号中继站高压远动负荷开关，合上 2 号中继站高压远动负荷开关：若成功，说明故障在配电所 A 至 1 号中继站之间；若不成功，说明故障在 1 号中继站到 2 号中继站之间，配电所 A 送 AB 贯通盘，配电所 B 送 AB 贯通盘，恢复配电所 A 至 1 号中继站、2 号中继站至配电所 B 之间线路的供电。

3. 接地故障

（1）发生接地故障，配电所 A、配电所 B 两所合网，调度端远动分开 2 号中继站高压远动负荷开关：若配电所 A 接地现象消失，说明故障在 2 号中继站至配电所 B 之间；若配电所 B 接地现象消失，说明故障在配电所 A 至 2 号中继站之间。

（2）故障在配电所 A 至 2 号中继站之间，调度端远动分开 1 号中继站高压远动负荷开关，合上 2 号中继站高压远动负荷开关：若配电所 A 接地现象消失，说明故障在 1 号中继站至 2 号中继站之间；若配电所 B 接地现象消失，说明故障在配电所 A 至 1 号中继站之间。

（3）故障在 2 号中继站至配电所 B 之间，调度端远动分开 3 号中继站高压远动负荷开关，合上 2 号中继站高压远动负荷开关：若配电所 A 接地现象消失，说明故障在 3 号中继站至配电所 B 之间；若配电所 B 接地现象消失，说明故障在 2 号中继站至 3 号中继站之间。

（4）故障在 3 号中继站至配电所 B 之间，调度端远动分开 4 号中继站高压远动负荷开关，合上 3 号中继站高压远动负荷开关：若配电所 A 接地现象消失，说明故障在 4 号中继站至配电所 B 之间；若配电所 B 接地现象消失，说明故障在 3 号中继站至 4 号中继站之间。

4. 配电所电源进线缺相故障

配电所电源进线母线电压互感器（以下简称"母互"）一或母互二缺相报警，同时自闭线路母互或者贯通线路母互缺相报警，电源进线断路器低压减载保护动作跳闸，同时自闭或贯通盘也失压跳闸。如果母线联络断路器（以下简称"母联"）备自投动作合闸，则恢复自闭（贯通）盘供电，如果母联备自投不动作，则合上母联断路器（单电源配电所由临所向自闭贯通线路供电），然后根据报警信号现象确定故障地点。由电源母互和自闭（贯通）母互同时缺相报警，可以确定故障点在母线的电源侧，排除室内故障后进行巡线，重点是隔开和电缆头的接点，询问电业局电源情况。

查看电源引入盘、交流屏线电压，若电压严重不平衡，电显灯亮度不均或线电压严重不平衡，也说明故障点在主母线的电源侧。若电源引入盘电压平衡，电显灯亮度均匀，交流屏线电压平衡，确定为电压互感器（PT）故障，对母互及自闭（贯通）母互高低压熔丝、母互及自闭（贯通）母互二次回路进行检查。

5. 配电所至相邻中继站间发生接地故障

通过分段已确认故障点在配电所至相邻中继站间，拉开配电所出口隔离开关，合上配电所真空开关，以确认是线路还是出口电缆或室内设备故障。若故障未消失，可能是电缆及两端避雷器击穿接地，将电缆线路端避雷器拆除并进行测试。若测试不合格，说明线路避雷器故障；若合格，则排除避雷器故障，故障部分可能是电缆。此时将室内电缆终端解开，测试电缆绝缘，若测试不合格，则可能为电缆击穿故障。上述测试未见异常时，应检查其他高压设备。

若故障点在线路上，则应组织人员查找线路故障点，重点是线路上的避雷器、隔离开关及电缆头。可采取分线路隔开向前推进的方法，必要时可解开电缆头接点向前推进。

6. 配电所电源进线母互零序接地报警

配电所电源进线母互一（二）零序接地报警，首先应询问电业局电源情况，电业局变电所也应接地报警。随后查看实时数据，根据数据判断故障类型。若一相电压为零或很低，其他两相电压变化不大，或者两线电压降低，另一线电压不变，说明母互 PT 或高低压熔丝有故障，查看 PT 一（二）次熔丝是否熔断以及 PT 是否击穿放电或烧损、各部接点是否松动接触不实。

若一相电压为零或很低，其他两相电压升为线电压或接近线电压，说明电源线路发生接地故障。此时应该断开电源进线盘断路器，查看电业局变电所接地报警信号是否消失，若消失，说明故障点在负荷侧，查馈出线和室内设备；若未消失，说明故障点在电源侧。随后停电业局变电所出口断路器，若报警信号仍未消失，说明电业局系统有接地故障；若消失，说明电源馈线发生接地故障。确定为馈出线路接地故障时，停馈出盘看故障是否消失，若未消失，说明此线路无故障；若消失，说明此线路有故障，应组织人员巡线。

7. 配电所电源线路停电及越区供电的处理

配电所一般配备一到两路电源，为提高配电所的可靠性，两路电源的配电所居多，但两路电源全部停电的情况也有可能发生，电源停电时对配电所的抢修要遵循"先通后复"和"先通一线"的基本原则，以最快的速度恢复供电，保障电力设备的正常运行。在抢修工作中，要严格执行行车和高空、电气安全作业等有关规定和防护措施，防止事故范围扩大和发生意外事故，同时要严格依照我们现在的设备运行方式：自闭线送电方向由东向西，贯通线送电方向由西向东；信号主、备变压器电源接在每个配电所的西侧出口。

（1）配电所单一电源停电。

配电所单一电源停电，母联开关备自投，所有自闭/贯通线路按正常运行方式恢复送电，所有低压开关带失压保护的，需要人工手动合闸。

（2）单一配电所电源全部停电。

单一配电所电源全部停电，主送线路应立即切换至相邻配电所送电，即自闭线路由西侧配电所送电，贯通线路由东侧配电所送电，并不断监视送电所各项电参数，必要时更改送电所自闭（贯通）盘以及自闭（贯通）调压盘过电流（电流二段）保护定值。

（3）两个相邻配电所电源全部停电。

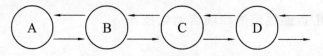

图 7.22　配电所连接示意图

两个相邻配电所电源全部停电，如图 7.22 所示，假设 B、C 两配电所电源线路全部停电，AB 区间可由配电所 A 供电，CD 区间可由配电所 D 供电，为了保证 BC 区间行车设备至少有一路电源，必须采取越区供电方式。

如果由配电所 D 自闭回路向 BC 区间供电，具体操作步骤如下：

① 拉开 C 所自闭调压引出手车至试验位；

② 退出 C 所 CB 自闭、DC 自闭过电流（电流二段）保护；

③ 拉开 D 所 DC 自闭真空开关；

④ 拉开 D 所自闭调压引入真空开关；

⑤ 拉开 D 所自闭调压引出手车至试验位；

⑥ 合上 D 所联络三手车至运行位；

⑦ 退出 D 所 DC 自闭、电源过电流（电流二段）保护；

⑧ 合上 D 所 DC 自闭真空开关；

⑨ 合上 C 所 DC 自闭、CB 自闭真空开关。

7.4.3 小 结

从上节的分析可以看出,目前铁路自闭/贯通线路中通过逐个区间试拉合远动开关或隔离开关,从而实现故障区段隔离的方法具有无法回避的弊端[1]:

(1)拉合开关寻找故障区段有很大的盲目性。非电力远动区段靠人工拉合,费时、费力;远动区段虽然可通过远动拉合开关,但仍依靠逐段试送判断故障区间,需一定时间。更不利的是逐段试送使系统电力设备多次承受故障大电流冲击,易损伤设备,如大电流冲击可降低调压器使用寿命,严重时造成调压器烧坏,损失严重。

(2)对软性故障或瞬时性故障引起的不明原因跳闸的查找,更是无从查起,目前只能在一个供电臂的范围内(40~70 km)靠人力进行大海捞针式的查找,往往很难发现故障点,难以排除隐患。

7.5 基于 FTU 的自闭/贯通线路故障定位方法

7.5.1 自闭/贯通线路的馈线自动化技术

目前,新建铁路电力 10 kV 配电所基本上采用了综合自动化技术。配电所综合自动化技术的应用提高了铁路配电网变(配)电所的自动化运营管理水平,不仅能够对配电所内设备实现传统的"四遥"功能,还能够对全所进行遥视、安全监控以及综合自动控制等。所内的 RTU 终端能够将采集的配电所现场信息上报调度中心计算机 SCADA 系统,使调度运行人员能够远程监控配电所的运行状态。同时,RTU 还能够接收 SCADA 系统下达的命令,对配电所内设备进行"遥控"和"遥调"操作。其中,馈线自动化就是监视馈线的运行方式和负荷,当故障发生后,及时准确地确定故障区段,迅速隔离故障区段并恢复健全区段供电。馈线自动化是配电网自动化最重要的内容之一。

早在半个世纪前,国外配电系统就采用重合器或断路器与分段器、熔断器的配合使用来实现馈线自动化,这对提高供电可靠性、减小运行费用起到了一定作用。但这种方式的自动化程度不高,且存在诸多不足。鉴于此,在户外分段开关处安装柱上 FTU,并建设有效而且可靠的通信网络将其和配电网控制中心的 SCADA 计算机系统连接起来,从而构成一种高性能的配电网自动化系统，这成为了目前馈线自动化的发展方向。

铁路自闭/贯通线配电自动化技术可采用分布控制方式或集中控制方式。

（1）分布控制方式是指配电自动化终端（FTU）具有自动故障判断与隔离能力，通过互相之间的配合，将故障点隔离出供电系统。该方式主要有电压时间型和电流计数型。铁路供电系统由于供电可靠性要求比较高，不宜选择这种方式。

（2）集中控制方式下，由现场 FTU 将采集到的故障信息上送主站，由主站的应用模块经计算后，得出故障隔离与恢复方案，再下达给 FTU 执行。该方式一般分为三个层次：① 配电终端层完成故障的检测和信息上送；② 配电子站完成本区域的故障处理和控制；③ 主站完成全网的管理与优化。从功能实现和节约投资方面考虑，铁路供电系统可以建立简化的集中控制式配电自动化系统，在简化系统中，省略配电子站功能，由主站直接完成全网的配电自动化功能。

应用计算机技术，可将铁路配电所及车站行车信号楼两路电源和自闭、贯通线路高压开关站纳入调度监控。由设在配电所内的 RTU 和车站信号楼的 FTU，通过通信通道与主站相连，实现铁路自闭/贯通线的配电自动化功能。在每个配电所内设置 RTU，将各种保护和控制装置引入 RTU 中。RTU 和 FTU 能完成对电流、电压、有功、无功等参数的监测。当自闭/贯通线路发生故障时，故障点靠近电源侧的开关均能检测到故障电流，根据各 FTU 检测的故障电流信息状况可以实现对自闭/贯通线路故障类型、故障相以及故障区段的判断，将故障点定位于相邻两开关站之间。然而，由于通信信道等原因，贯通馈线的故障自动定位、隔离和恢复供电在实际应用中并不理想，很多系统仅能用于数据采集和监控，故障定位等功能需要人工判断才能完成。

7.5.2 自闭/贯通线路单相接地故障定位

1. 基于瞬时零序电流的单相接地定位方法

（1）当发生单相接地故障时，查找故障区间内所有 FTU 装置监测的瞬时 $3I_0$ 值，找到最大值所在的 FTU，则故障点位于该 FTU 相邻的某一侧。

（2）比较该 FTU 相邻两侧的瞬时 $3I_0$ 值，找到较大值，并比较最大值与次大值瞬时零序电流的方向：如果相同，则故障点位于最大值 FTU 的另一侧；如果相反，则故障点位于两者之间。

2. 基于稳态零序电流的单相接地定位方法

由前面章节的分析可知,对自闭/贯通线路单相接地故障区段可采用故障点前后零序电压与零序电流的相位关系进行判断。实际中,故障区段前后零序电流与零序电压的实际相位差不可能为180°,根据工程经验,相位差在150°～210°都可认为是相反的。

若消弧线圈未投入,按下列算法判别:

(1) 若 U_0 大于 30 V,则单相接地区段判断程序启动。

(2) 分别读取各站零序电压和零序电流,计算其相位差(I_0 相角与 U_0 相角之差)。

(3) 按顺序分别比较相邻两个开关站的零序电压与零序电流相位差,若第 i 站相位差与第 $i+1$ 站相位差之差在 150°～210°,则认为第 i 站与 $i+1$ 站之间发生了接地故障。

(4) 若中性点经消弧线圈接地,则采用比较零序分量的 5 次谐波相位差的方法,方法同上。

7.5.3 自闭/贯通线路相间故障定位

铁路自闭/贯通线路为 10 kV 不接地系统,其供电线路的故障类别分为:三相短路、两相短路、两相接地、单相接地。故障性质分为瞬时性和永久性两种。共可组合出 8 种故障。根据现场上送信息的不同分组,主站进行故障综合判断,按照以下两个步骤进行:

(1) 当自闭/贯通线路上发生故障时,相关联的两个配电所之间开关站的数据,需在某一时间段内才能将数据收集到主站。设置时间参数,此时间参数为故障分辨率的参数(根据现场信道数据上送的时间的长短,设置此参数)。

(2) 在主供电臂方向投入重合闸,备用供电臂方向投入备自投的情况下,当故障发生时,主供保护动作跳闸,备自投投入成功,则故障为瞬时性故障;另外,当故障发生时,主供保护动作跳闸,备自投投入不成功,重合闸投入成功,则故障为瞬时性故障。在主供电臂方向投入重合闸,备用供电臂方向投入备自投的情况下,当故障发生时,主供电臂方向保护动作跳闸,备自投投入不成功,重合闸投入也不成功,则故障为永久性故障。

将在此时间段内相关联的两个配电所之间开关站的数据进行综合判断。根据资料收集的情况,分为数据收集完整情况下的故障判据和数据不完整情况下的判据。

1. 对信息采集的要求

配电所内的 RTU 装置应能够采集贯通馈线保护动作信息、出线断路器跳闸信息、BZT 和 CHZ 投入信息等遥信信息。采集的信息以开关量表示，包括统一的时标，并具有 SOE 功能，主动上传遥信变位信息。此外，RTU 装置应能够监测出线断路器处的过流信息，若过流，则上传带统一时标的故障信息标志"1"，以及故障类型标志和过流方向标志。

各分段装置处的 FTU 装置能够上传带统一时标的故障信息标志、故障类型标志和过流方向标志。

2. 相间故障定位原理

故障电流总是出现在由配电所至故障点的线路上，各 RTU、FTU 采集到的故障电流上传至主站，主站对接收到的某区段的所有故障资料进行综合分析和处理，从而判断故障发生的区段。

假设贯通线路是备用供电端先备自投、主供电端再重合的运行模式。当贯通线路发生相间短路故障时，主供电端出线断路器在过电流保护动作下跳闸，故障点之前靠近主配电所侧的 FTU 装置均能监测到过流，若 BZT 投入成功，为瞬时性故障，故障点之后靠近备用电源侧的 FTU 未流过过流，则故障点位于监测到最大故障电流的分段开关与它的远程相邻开关之间；若 BZT 投入失败，CHZ 动作成功，为瞬时性故障，故障点之后靠近备用电源侧的 FTU 也能监测到过流，则根据两次过流报文的时间差或过电流方向可以定位故障点；若 CHZ 投入失败，则为永久性故障，同样可以以两次过流报文的时间差或过电流方向定位故障点。

3. 基于时标分组的故障定位方法

当贯通线路发生短路故障时，第一次瞬时过流跳闸产生的第一批故障报文与第二次 BZT 投入后加速跳闸产生的第二批报文以及第三次 CHZ 重合后加速跳闸产生的第三批报文之间有个时间差，这个时间差就是由备用电源自动投入的延时和一次重合闸的延时，以及开关的固有动作时间决定的。故障点就在第一批报文检测到最大故障电流的开关站与第二批报文检测到最小故障电流的开关站之间。

以图 7.23 为例，假设 d_1 点发生相间短路故障。

若 QF_6 备自投动作成功，则只有 QF_1，QF_2 和 QF_3 流过过电流，根据故障报文可以判断故障点在检测到故障电流的最大开关后面区域，即 QF_3 开关后面。

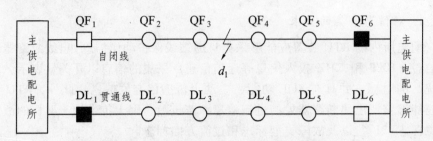

图 7.23 基于时标分组的故障区段定位方法

□—出线断路器；○—分段开关

若 QF_6 备自投不成功，QF_1 重合闸成功，则 $QF_1 \sim QF_6$ 均流过过电流，QF_1，QF_2，QF_3 检测的故障电流与 QF_4，QF_5，QF_6 检测的故障电流不仅方向相反，而且存在一个时间差，这个时间差就是由备用电源自动投入的延时和开关的固有动作时间决定的。本例设定其为 2 s，开关固有动作时间忽略不计。设各开关故障信号的时标依次为 t_1，t_2，$\cdots$，t_6，记备自投动作时刻为 t_B，根据如下判据将故障信息分为两组：

If $t_B - t_i \geqslant \Delta t$ Then t_i 属于第一组；

Else t_i 属于第二组。其中，Δt 为时标允许误差（500 ms）。

故障点就在第一组最大编号开关与第二组最小编号开关之间。本例中 t_1，t_2，t_3 属于第一组，t_4，t_5，t_6 属于第二组，则根据判决，可得故障点在 QF_3 与 QF_4 之间。

若 QF_6 备自投不成功，QF_1 重合闸不成功，为永久性故障，判断方法同上。

7.5.4 自闭/贯通线路断线故障定位

断线故障是永久性故障的一种。由于线路断线后特征比较明显，如断线后（无论接地与否）断线点后的电流为 0，利用 FTU 检测流过的电流，可以判断出第一个检测到电流为 0 的分段装置与其前向分段装置之间发生了故障。如图 7.23 所示，在 QF_3 与 QF_4 之间发生了断线，QF_3 上仍然可以检测到有电流流过，而 QF_4 后的线路因为失去了电源供电，因此电流电压值都为 0。我们根据这个特点，即可以将故障定位在 QF_3 与 QF_4 之间。

7.5.5 基于 FTU 的故障综合处理系统举例

1. 系统设计

基于前述原理和分析, 本节构建了 10 kV 自闭/贯通线路故障综合处理系统。该系统由调度中心、通信系统和分布于各配电所的 RTU 子站三大部分组成, 整个系统沿用原 SCADA 系统的体系结构。调度中心典型系统配置如图7.24 所示。通信通道结构示意如图 7.25 所示, 可以是环形接线或 T 形接线。系统主要实现以下功能:

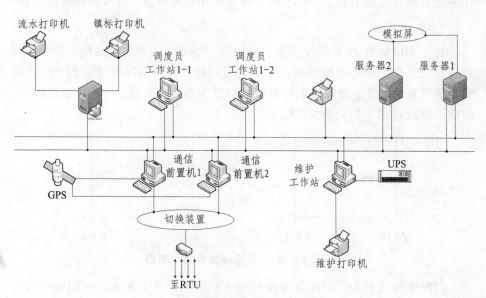

图 7.24　调度中心典型系统配置

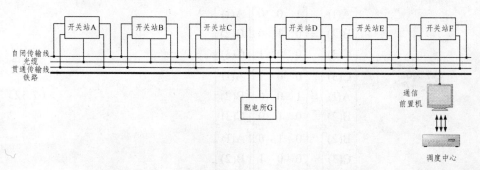

图 7.25　自闭/贯通线路分布及通信通道示意图

（1）故障区段检测。各个子站通过对采集到的电流、电压测量值进行分析、计算、比较，判定出故障类型，故障类型标志和加有时标的故障数据报文一同送往调度中心。调度中心收到故障数据报文后，根据故障类型选择相应的判据，判定出故障区段。对单相接地，根据当时配电系统的工况选择最优的故障区段判别方案，判断出单相接地故障区段。

（2）故障切除与隔离。对于各种相间（含接地）短路，调度中心根据判断出的故障区段，自动启动相应程控卡片，操作相应开关站的开关，快速切除故障区段，以使其余站能正常工作。对于单相接地，调度中心在调度员工作站上自动弹出报警窗，并给予声音提示单相接地故障、故障相和故障区段。

2. 换相算法

由于 10 kV 自闭/贯通线为架空传输线，每隔一定距离存在换相操作，导致各开关站和配电所的物理相存在不对应问题，如图 7.26 所示。因此，必须利用适当算法，建立物理相和参考相的对应关系，以便运行人员查找故障相，因此，特设计如下相换算算法。

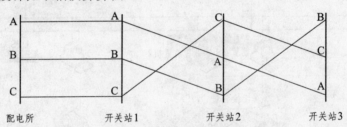

图 7.26 自闭/贯通线路换相示意图

以配电所为参考，拟定其物理相序（A/B/C），其余开关站或配电所的物理换相位置用一矩阵 D 和配电所参考物理相位置相乘得到，如开关站 1、开关站 2、开关站 3 分别表示为

$$
\begin{bmatrix} A(1) \\ B(2) \\ C(3) \end{bmatrix} = \begin{bmatrix} 1 & 0 & 0 \\ 0 & 1 & 0 \\ 0 & 0 & 1 \end{bmatrix} \begin{bmatrix} A(1) \\ B(2) \\ C(3) \end{bmatrix}
$$

$$
\begin{bmatrix} C(3) \\ A(1) \\ B(2) \end{bmatrix} = \begin{bmatrix} 0 & 0 & 1 \\ 1 & 0 & 0 \\ 0 & 1 & 0 \end{bmatrix} \begin{bmatrix} A(1) \\ B(2) \\ C(3) \end{bmatrix} \tag{7.32}
$$

$$
\begin{bmatrix} B(2) \\ C(3) \\ A(1) \end{bmatrix} = \begin{bmatrix} 0 & 1 & 0 \\ 0 & 0 & 1 \\ 1 & 0 & 0 \end{bmatrix} \begin{bmatrix} A(1) \\ B(2) \\ C(3) \end{bmatrix}
$$

矩阵 **D** 可以由单相接地实验或单相故障信息获得，具体算法为

$$\boldsymbol{D} = \{d_{ij}\} = \begin{cases} d_{ij} = 1, \ i = n, \ j = m \\ d_{ij} = 1, \ i = \text{mod}[n+1], \ j = \text{mod}[m+1] \\ d_{ij} = 1, \ i = \text{mod}[n+2], \ j = \text{mod}[m+2] \\ d_{ij} = 0, \ 其他 \end{cases} \tag{7.33}$$

式中，m 为基准配电所测得的接地相；n 为对应开关站测得的故障相；mod[] 表示若大于 3 则对 3 取余数。

3. 故障区段判别流程

实际的系统运行中，由于通道的原因，可能有 RTU 的故障检测信息不能及时准确地传送到调度中心，为提高系统的容错性和提高检测能力，特设计如下检测流程，如图 7.27 所示。采用该流程可以保证在系统部分信息丢失的情况下也能准确检测故障发生的区段。

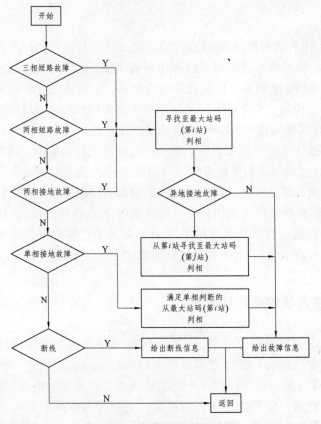

图 7.27 故障区段判断流程

实际的自闭/贯通线路单相接地故障表明，接地电容电流的暂态成分往往比稳态分量大几倍或以上，提取这一突变的暂态特征分量将有助于故障区段的检测。由于系统设计时 RTU 测量单元采用具有高速数字信号处理能力的 DSP 作为主 CPU，该单元具有强有力的电流电压特征提取能力；RTU 装置单元除具有常规的基于稳态零序电流特征幅值与相位计算检测功能外，增加了基于小波分析的暂态特征提取功能，所有的特征量由通信通道送往调度中心。

调度中心利用配电所间所有开关站的 RTU 上送的特征信息，应用小波分析技术、数字信号处理技术、智能判别技术等新兴技术，可以有效、及时、准确地判别故障区段、故障相以及故障类型等，大大缩短故障查找时间和减少设备动作次数，产生较大的经济和社会效益。

7.6 基于 S 注入法的自闭/贯通线路故障定位方法

基于 S 注入法的自闭/贯通线故障定位方法有如下特点：系统接线简单，机器性能好，信号注入装置耐受过渡电阻能力强；信号发生设备与一次强电系统之间通过 PT 电磁耦合，没有直接电的联系，不必考虑其绝缘问题；不需要增加任何一次设备，不会对运行设备产生不良影响；只向接地线路接地相注入信号，确保金属性接地时 99.9% 的信号经由接地线路接地相流动并经接地点入地，有利于提高定位分辨率；不受系统运行方式变化的影响，选线效率高，有很强的通用性；此外，利用该方法还可以在 S 注入法的原有设备基础上实现减谐和消谐功能。综上所述，对于供电线路较长、供电点多、架空线与电缆混合线形式、可靠性要求高且工作环境恶劣的自闭/贯通线路，S 注入法故障定位方案具有良好的适应性，目前是自闭/贯通线路故障定位的最佳方案。本节将重点介绍基于 S 注入法的自闭/贯通线路故障定位方法及系统设计。

7.6.1 S 注入法的适应性分析

与常规电力系统配电网相比，铁路自闭/贯通线路在实际运行中有如下一些特点：供电线路长，供电点多、供电负荷小，运行环境差、维护困难，电压等级低、变（配）电所结构单一，系统接线形式简单，供电可靠性要求高。考虑到这些特点，应考虑以下影响因素：负荷接入点的影响、电缆的影响、线路长度的影响、开关站的影响、隧道的影响（无线通信在隧道内传输特征较为特殊，必须特别设计）和接触网的影响。

1. S 注入法中关键参数的确定

（1）信号源的选择。

在高阻接地故障时，需要适当增大注入信号源的功率，在电压互感器容量允许的范围内，提升二次侧注入电流值。

（2）信号源及其功率、频率的确定原则。

在信号功率源注入及调节方便、功耗小的原则下来选定信号源。以线路发生最不理想故障（高阻接地及衰减度最大）的情况下，保证线路探测节点能灵敏可靠地检测到信号电流为原则来确定注入信号源的功率。

对于信号频率的选择，由于自闭/贯通线含量低的谐波信号有可能比注入信号强度高，为避免电力线中谐波电流产生磁场的干扰，注入信号电流的频率必须介于工频相邻两次谐波频率之间，且考虑到与工频之比尽可能大等要求，注入信号电流的频率也不能太高。

（3）信号源及其注入方式选择。

仿真分析中假设一次侧故障过渡电阻值发生变化，分别取 5 组数据进行分析。选用信号恒压源（电压 12 V，内阻 2 Ω）与信号恒流源（电流 6 A，内阻 2 Ω）进行仿真，仿真结果见表 7.4。结果表明：PT 一、二次线圈侧电压电流幅值完全相同，输出功率却相差甚远。

表 7.4　两不同信号源数值比较结果

过渡电阻 /Ω	数 值 结 果					
	I_2/A	U_2/V	I_1/A	U_1/V	P_u/W	P_i/W
0	4.993	6.540	0.049 95	2.75	59.916	39.240
100	4.982	6.497	0.049 82	6.11	59.784	38.982
500	4.872	6.367	0.048 72	19.04	58.464	38.202
1 000	4.654	6.314	0.046 54	24.07	55.848	37.884
5 000	4.012	6.225	0.040 12	27.75	48.144	37.350

从表 7.4 可以看出，在保证线路上电流一致的情况下，使用恒流源注入时其输出功率小于采用恒压源方式。这样一来，功率便于调节，装置也易于实现，且从经济角度考虑，使用恒流源也有一定优势。因此，使用信号恒流源从 PT 二次侧注入的方式更适用于自闭/贯通线路注入法故障定位问题，且可以由此得到注入信号源的理论计算容量为 44.682 V · A。

（4）信号频率确定。

仿真分析表明，信号电源频率必须在工频的 $n \sim n+1$ 倍。仿真时选取频率为 120～920 Hz，考察不同频率下注入信号在线路上的衰增特性，用信号电流注入点和故障点的衰增率来表征其衰增情况。图 7.28 所示为自闭线路中点（30 km）处经不同过渡电阻接地的仿真结果。

由图 7.28 可知，接地电阻较小时，信号电流在线路上增强；过渡电阻较大时，信号电流在线路上衰减。衰增率最高不超过 3.72%，但最低时却达 −16.69%，对检测有较大影响。因此选取信号频率主要参考高阻接地时信号电流变化曲线。由曲线可知，270 Hz 以上的信号电流衰增率均低于 −6.14%，衰减大，且频率越高越易受各种磁场的干扰，此时对检测节点的灵敏度要求提高，制造成本也相应增加。同时

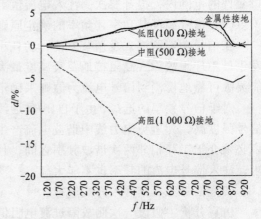

图 7.28　信号随频率变化衰增趋势

选取信号频率时还要满足信号频率与基频之比尽可能大的要求。

综上所述，选取 170～270 Hz 信号电源比较适合。

2. S 注入法对不同工况的适应性分析

（1）负荷影响。

假设自闭线 60 km 线路末端发生高阻（1 000 Ω）接地，考察阻性、感性两种不同负荷对信号电流的影响。不同类型负荷对信号电流影响程度几乎是一样的，见表 7.5。

表 7.5　线路各点信号电流值（I/mA）

负荷类型	测量点/km					
	0	15	30	45	60	接地点后
阻性负荷	25.28	24.89	24.61	24.36	24.10	9.8e-3
感性负荷	25.30	24.91	24.65	24.37	24.13	9.8e-3

（2）线路电气参数。

假设线路中点（30 km）处分别发生 1 Ω、100 Ω、500 Ω 单相接地故障，

测量常规架空线及电阻、电感、电容分别增大 10 倍时信号电流在 PT 二次侧和一次侧、故障馈线非故障相（A 相）和故障相（C 相）首端、故障相接地点前、大地回路、故障点后及故障相末端（60 km）等处分布值，见表 7.6。

表 7.6   不同故障状况下架空线路信号电流分布 (I/A)

故障状况	接地电阻/Ω	PT 二次侧	PT 一次侧	非故障相首端	故障相首端	故障点前	大地回路	故障点后	故障相末端
常规架空线	1	6.000 0	0.054 9	0.010 8	0.100 5	0.099 0	0.097 5	2.5e-3	6.0e-4
	100	6.000 0	0.053 8	0.011 5	0.069 8	0.069 1	0.068 4	1.4e-3	4.8e-5
	500	6.000 0	0.052 6	0.012 8	0.021 9	0.022 1	0.022 5	2.5e-4	5.8e-4
10 倍架空线电阻	1	6.000 0	0.052 9	0.010 6	0.055 4	0.055 3	0.055 5	2.7e-3	7.4e-4
	100	6.000 0	0.052 3	0.011 5	0.039 6	0.039 8	0.040 3	1.8e-3	4.5e-4
	500	6.000 0	0.052 4	0.012 6	0.016 9	0.017 5	0.018 3	9.3e-4	6.0e-4
10 倍架空线电感	1	6.000 0	0.053 8	0.014 7	0.018 2	0.014 3	0.012 7	2.8e-3	1.4e-3
	100	6.000 0	0.055 0	0.014 3	0.009 5	0.013 8	0.040 3	3.3e-3	8.0e-4
	500	6.000 0	0.053 2	0.014 1	0.009 0	0.004 0	0.002 4	3.0e-4	6.0e-4
10 倍架空线电容	1	6.000 0	0.054 9	0.020 8	0.008 6	0.017 5	0.024 0	7.5e-3	3.6e-3
	100	6.000 0	0.051 6	0.016 4	0.014 3	0.013 8	0.016 5	9.3e-3	4.5e-4
	500	6.000 0	0.051 6	0.008 2	0.024 4	0.015 1	0.007 8	0.014 1	7.3e-3

由表 7.6 可知，只有架空线原始模型和线路电阻增大 10 倍模型在发生三种工况的故障下，贯通线故障相与非故障相间、故障点前与故障点信号电流区别较为明显，能够实现故障定位；线路电感增大 10 倍模型及电容增大 10 倍模型中，线路上信号电流值均较小，且随着过渡电阻的增大，前者的故障相信号电流逐步降低至小于非故障相的，后者的故障相信号电流虽逐步增大至超过非故障相的，但故障点前后区别越不明显，均无法进行故障定位。

由此可见，线路电阻变化对线路信号电流分布的影响最小，电感及电容的变化对信号电流分布的影响很大，直接与 S 注入法故障定位适应性好坏相关。

（3）过渡电阻影响。

图 7.29 所示为自闭线 30 km 处发生单相接地故障时，信号衰增率 d 随过渡电阻 R_d 变化曲线。由图可见，过渡电阻值在 300 Ω 和 400 Ω 之间，信号变化率有一过零点。

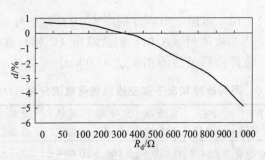

图 7.29 信号电流随过渡电阻变化衰增趋势

受接地后对地电容及过渡电阻分流的影响，接地点后信号电流随过渡电阻的增大呈上升趋势，高阻接地时达到最大值；而接地点前信号电流却随过渡电阻增大而减小，高阻接地时为最小值。即随过渡电阻增大，接地点前后信号电流差距越来越小，最接近时仅有 10 倍的差距，说明过渡电阻越高，电缆所占线路比例越大，定位接地点越困难。

(4) 中性点接地方式变化情况下的适应性分析。

① 经消弧线圈接地系统。

现有铁路自闭/贯通线路中经消弧线圈接地系统日益增多，故有必要分析消弧线圈对信号电流的影响，此处分别对配电所变压器中性点经消弧线圈接地和接地变压器中性点经消弧线圈接地两种情况进行仿真。

情况一：配电所中性点经消弧线圈接地。

假设线路中电缆长度为 5 km，此时采用配电变压器（Y-Yn 型）直接经消弧线圈接地方式，仿真得到的全补偿、过补偿（110%）、欠补偿（90%）三种状况下线路中信号电流的分布规律见表 7.7。

表 7.7 消弧线圈不同补偿度下的线路信号电流分布（I/A）

故障状况	接地电阻/Ω	PT二次侧	PT一次侧	非故障相首端	故障相首端	故障点前	大地回路	故障点后	故障相末端
全补偿	1	6.000 0	0.059 0	0.024 2	0.060 5	0.063 7	0.062 9	4.1e-4	2.3e-3
	100	6.000 0	0.055 4	0.024 2	0.051 2	0.052 9	0.051 7	5.5e-3	4.0e-3
	500	6.000 0	0.056 6	0.030 8	0.064 9	0.052 6	0.046 0	0.0235	0.0140
过补偿	1	6.000 0	0.059 3	0.024 6	0.061 6	0.064 9	0.064 2	4.3e-4	1.8e-3
	100	6.000 0	0.054 9	0.024 2	0.050 6	0.051 9	0.051 0	5.5e-3	3.9e-3
	500	6.000 0	0.056 1	0.031 5	0.064 2	0.052 3	0.045 5	0.0233	0.0141
欠补偿	1	6.000 0	0.058 8	0.024 0	0.059 7	0.062 7	0.061 7	8.0e-4	2.2e-3
	100	6.000 0	0.055 9	0.023 1	0.051 5	0.053 1	0.052 0	5.4e-3	3.9e-3
	500	6.000 0	0.056 3	0.031 8	0.064 6	0.052 8	0.045 8	0.023 6	0.014 0

由表 7.7 可知，全补偿、过补偿、欠补偿三种状况下不同过渡电阻时信号电流幅值基本相等，说明消弧线圈补偿状况对信号电流影响程度极小；与未接消弧线圈时相比，相应各点的测量值均有一定的提高，说明消弧线圈能提升信号电流值，因便于检测，故对定位产生有利影响；且从表中可以看出，不管有无消弧线圈，信号电流分布变化规律类似。

情况二：接地变压器中性点经消弧线圈接地系统。

假设线路中电缆长度为 5 km，消弧线圈采用全补偿方式，接于接地变压器中性点处，接地变压器分为带负荷及不带负荷两种情况，仿真结果见表 7.8。

表 7.8　不同变压器接地情况下的线路信号电流分布（*I*/A）

故障状况	接地电阻/Ω	PT二次侧	PT一次侧	非故障相首端	故障相首端	故障点前	大地回路	故障点后	故障相末端
带负荷	1	6.000 0	0.060 0	0.023 0	0.052 0	0.055 0	0.054 3	5.0e-4	2.1e-3
	100	6.000 0	0.054 2	0.022 0	0.047 4	0.049 3	0.047 9	5.1e-3	3.5e-3
	500	6.000 0	0.054 5	0.029 5	0.058 5	0.047 4	0.041 4	0.0211	0.0126
不带负荷	1	6.000 0	0.060 0	0.024 1	0.050 0	0.057 0	0.056 2	5.0e-4	2.5e-3
	100	6.000 0	0.054 2	0.023 1	0.050 0	0.051 7	0.050 4	5.1e-3	3.7e-3
	500	6.000 0	0.054 5	0.030 0	0.062 4	0.050 4	0.044 2	0.021 4	0.013 9

由表 7.8 可知，各测量点信号电流在接地变压器不带负荷时比带负荷时稍大，说明接地变压器带负荷而非开路时，虽有部分信号电流通过变压器耦合到二次侧，但相对故障相信号电流而言极小，基本不影响故障定位；另外将以上两表与无接地变压器时全补偿情况相比，各测量点信号电流值在金属性接地故障时明显较小（相差近 16%），并随着过渡电阻值增大而接近，说明接地变压器对信号电流的影响随过渡电阻增大而降低，由于故障相信号电流值较大，故障点前后差距明显，因而故障定位基本不受影响。

综上所述，消弧线圈的补偿状况对信号电流基本无影响，且消弧线圈可在一定程度上补偿信号电流从而抬升其幅值，有利于信号的检测和故障定位。此外，消弧线圈是否经接地变压器中性点接地、接地变压器是否带负荷，对信号电流虽有影响，但程度有限，不足以影响故障定位结果。在过渡电阻低于某一定值时，S 注入法在该系统中可进行有效定位。

② 经高阻接地系统。

经高阻接地系统虽不如中性点经消弧线圈接地系统常用，但在极个别铁路信号电源处也有所应用。出于充分了解 S 注入法适应性的目的，此处对其在中性点经高阻接地系统中的应用也作了仿真分析，分别对配电所变压器中性点直接经高电阻接地和接地变压器中性点经高电阻接地两种情况进行仿真。

情况一：配电所中性点直接经高电阻接地。

假设线路中电缆长度为 5 km，采用配电变压器直接经高电阻（300 Ω）接地方式，仿真得到的线路信号电流的分布规律见表 7.9。

表 7.9 经高电阻接地系统下线路信号电流分布（I/A）

接地电阻/Ω	PT二次侧	PT一次侧	非故障相首端	故障相首端	故障点前	大地回路	故障点后	故障相末端
1	6.000 0	0.050 9	0.021 4	0.047 2	0.049 6	0.049 0	3.0e-4	1.7e-3
100	6.000 0	0.051 4	0.022 1	0.047 5	0.048 9	0.047 9	5.3e-3	3.5e-3
500	6.000 0	0.052 4	0.029 9	0.060 0	0.048 7	0.042 4	0.021 6	0.012 9

观察表 7.9，并与中性点未接地系统和中性点经消弧线圈接地系统比较可知，各测量点的信号电流值均较小，差距在过渡电阻为 1 Ω 时最大（有效值最低），且随过渡电阻增大而减小，但由于故障相各处信号电流普遍较高，在过渡电阻低于一定值时故障点前后信号电流差值很明显，因此仍能进行有效区别检测，故障定位不受影响。

情况二：接地变压器中性点经高阻接地。

假设线路中电缆长度为 5 km，高电阻（300 Ω）接于接地变压器中性点处，接地变压器分为带负荷及不带负荷两种情况，仿真结果见表 7.10。

表 7.10 不同变压器接地情况下的线路信号电流分布（I/A）

故障状况	接地电阻/Ω	PT二次侧	PT一次侧	非故障相首端	故障相首端	故障点前	大地回路	故障点后	故障相末端
带负荷	1	6.000 0	0.051 4	0.020 8	0.045 4	0.047 8	0.047 2	4.2e-4	2.0e-3
	100	6.000 0	0.050 6	0.021 0	0.044 2	0.045 7	0.044 8	4.7e-3	3.1e-3
	500	6.000 0	0.051 3	0.028 3	0.054 8	0.044 3	0.038 8	0.019 7	0.011 9
不带负荷	1	6.000 0	0.051 5	0.021 3	0.047 6	0.050 3	0.049 6	5.7e-4	2.3e-3
	100	6.000 0	0.050 6	0.020 9	0.046 7	0.048 5	0.047 1	5.0e-3	3.5e-3
	500	6.000 0	0.051 3	0.028 7	0.058 6	0.047 8	0.041 4	0.021 1	0.012 7

比较表 7.9 和表 7.10 可知，系统经带负荷的接地变压器中性点接地时，相应各测量点的信号电流值最小；另外两种情况下则比较接近，说明接地变压器二次侧不带负荷时，对信号电流基本不产生影响；接地变压器带负荷时，虽有极小部分信号电流通过变压器耦合到二次侧而分流，但由于故障相信号

电流值较大，在过渡电阻值低于某一定值时故障点前后差距明显，因而故障定位基本不受影响。

综上所述，虽然经电阻接地系统中信号电流较不接地、经消弧线圈接地系统而言最小，并且在接地变压器带负荷时还会因分流而损失一部分，但仍可保持较高的有效值并满足故障定位需要。同时，高电阻是否经接地变压器中性点接地、接地变压器是否带负荷，对信号电流虽有影响，但程度有限，基本与故障定位实现成败无关。在过渡电阻低于某一定值时，S 注入法在该系统中可进行有效定位。

（5）小结。

以上分析说明，S注入法在铁路自闭/贯通线路故障定位有较好的适应性，针对线路的特殊性，利用 MATLAB/SIMULINK 对 S 注入法在自闭/贯通线路的应用进行建模及仿真，得出如下结论：

① 注入信号源以母线 PT 二次侧注入为佳，且选取信号恒流源注入比恒压源注入优越。

② 选取 170～270 Hz 的信号注入较为合适。

③ 负荷相对于过渡电阻及故障距离而言，对信号电流的影响非常小，可以忽略不计。

④ 工程现场实验检测选择探测节点灵敏度及注入容量范围时，应根据自闭/贯通线电网参数选取线路某一段，而非简单选择线路末端，并且主要观察高阻接地实验。

⑤ 过渡电阻越高，电缆所占线路比例越大，线路分布电容对所注信号的分流越严重，注入电流越难检测。

7.6.2　基于 S 注入法的自闭/贯通线故障定位系统设计

1. 自闭/贯通线路故障定位系统的结构

自闭/贯通线路故障定位系统由配电所主控单元、信号注入源、无线节点、开关站处理单元及后台计算机故障信息处理软件组成，系统结构如图 7.30 所示。

（1）配电所主控单元。

配电所主控单元的功能是：当线路发生故障时，装置通过互感器采集线路工频电量，区分瞬时/永久故障，判明故障类型、故障线路和故障相；单相接地故障时，发出"注入"命令，通过 PT 二次侧向故障相注入特定的高频信号，联合无线节点对信号寻迹及定位。

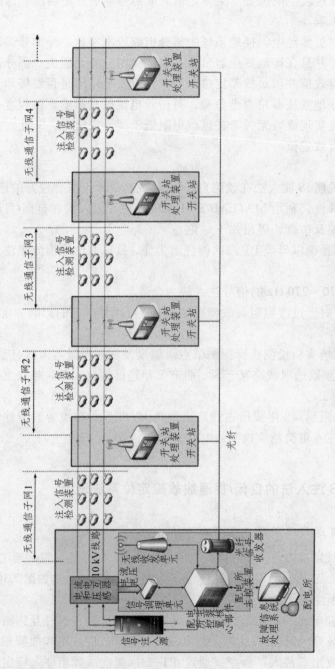

图 7.30 自闭/费通线路故障定位系统结构

　　主控单元包括电源、主板、指示灯、按钮、液晶显示及键盘输入单元、A/D 采集卡（电量、信号采集）、信号注入控制接口、无线通信卡（终端节点）、光纤通信卡等，以控制相应外部设备（如信号注入源、电流电压互感器等）及完成与其他单元的通信任务。其中 A/D 采集卡控制户外测量设备对线路电气量进行采集，通过信号调理之后提供给 CPU 进行故障类型的区分及故障相的判定，以便装置决定是否需要启动信号注入以及具体注入哪一相。信号注入控制卡控制外部信号注入源，在发生单相接地故障时注入高频信号，并可进行注入功率调整。无线通信卡外接无线通信天线，与区域内无线节点组成无线局域子网，作为网内终端节点接收各无线节点上传信息，或往下广播任务信息。光纤通信卡支持双向通信功能，与系统范围内的所有开关站处理单元进行光纤连接，快速可靠地接收开关站所测电气量信息、各子网节点定位信息（单相接地或相间短路故障），也可下达控制任务。主控单元本身带有 LCD 显示及操作键盘，可通过 LCD 及操作键盘，直接查询故障线路信息，完成定位任务，在必要时清除内存等，在接收到故障信息后还可以给出语音报警。

　　（2）信号注入源。

　　信号注入源由正弦信号发生电路、功率放大电路、直流 PID 调节环及与主控单元的接口等组成。线路发生单相接地故障时，通过接口接收主控单元所发控制信息，启动正弦信号发生电路产生恒定频率和幅值的正弦信号，经过功率放大电路放大后注入接地相相应的 PT 二次侧回路，进而耦合至一次侧电网。因为系统对注入信号电流的频率稳定性要求很高，为消除配电网中工频电流及谐波电流的干扰，信号注入源装置中加入闭环直流 PID 控制器，它能实现在负荷强烈变动情况下保持注入信号电流恒频恒流的功能。

　　（3）无线节点。

　　无线节点由供电单元、信号采集单元、数据处理单元以及无线通信单元组成。它采用低功耗的芯片，其供电系统可由普通电池、电磁感应或太阳能供电及相应可充电电池组成，线路断电或阴雨天气时，由电池短时供电，确保节点不失电，保证长期野外工作。在开关站间馈线沿线的线路上或杆塔上安装无线节点，当线路转为接地下电缆时，在电缆接头处或环网柜内安装无线节点，当电缆较长时可在地面每隔一定距离布置无线中继专用节点（信号采集检测单元、电源根据环境情况特殊设计），而当线路通过隧道时，也可在隧道内布置无线中继专用节点（电源取自隧道照明电源及相应充电电池）。节点的安装位置及数量可依据现场情况和定位精度要求而定。无线节点完成在线数据采集、处理等操作，并将处理后的数据以接力的方式逐级传递至各子网相应终端节点（配电所或开关站）。

（4）开关站处理单元。

相对于配电所主控单元，开关站处理单元采用插拔卡式设计，其任务量小，因而 DSP 芯片可选用性能等级稍低的芯片，以节约成本。开关站处理单元部件较少，由电源、主板、A/D 采集卡、无线通信卡、光纤通信卡等组成，以控制相应外部设备（互感器）及与其他装置等进行通信。开关站采用低压电源供电，无线通信卡接收所辖区域内无线节点的数据，A/D 采集卡控制采集外部互感器的电量数据，信息处理主板对数据进行融合处理。通过无线通信卡所接收信息可将故障定位在两个无线节点之间，然后控制光纤通信卡经由光纤网将这些信息传送给配电所主控单元。另外还可自动或根据上层控制信息操作开关进行故障区段隔离。

（5）后台计算机（故障信息处理系统）。

配电所主控单元本身有简单的信息处理系统，可完成定位所需的主要功能（如控制、显示、报警等），也可将主控单元信息实时送达后台计算机。后台计算机上开发故障信息处理系统，对主控单元所传信息进行处理，则可实现更为强大的功能。该计算机除完成常规的当地监控功能外，还结合多种判据，应用信息融合方法，智能地给出故障位置、故障类型等信息，并基于 GIS 系统提供的平台，在地理背景图上直观地指示出故障地理位置，可为遥控系统提供动作信息，远程遥控开关站断路器，切除故障区段。同时该信息系统具有事故记忆、报表打印等附带功能。

（6）系统通信主网络构建方案。

由于自闭/贯通线路在三相线路上可以同时安装检测节点，为增强系统的可靠性，将系统通信网络进行层次化设计。首先将其分为光纤通信网和无线局域网两部分，其中无线局域网又分为自闭、贯通线两大片区；然后在每一片区中按线路中配电所及开关站的总个数相应组成多个子网；子网中又以配电所或开关站无线通信卡为终节点，线路上每隔一定距离布置一组三相 3 个无线节点，将节点 ID 严格按地理拓扑位置编号。通信网络结构如图 7.31 所示。

采用上述方案，在线路发生故障时，可以更为可靠及迅速地完成故障定位。如图 7.32 所示，当配电所注入信号之后，所有检测节点启动工作，开关站处理单元所检测的结果信息通过光纤上传，必然先于无线节点将数据上传至主控单元，从而先将故障区段进行区分。而在每一个区段中，因由较少量的无线节点组成局域网，信息量小，相互影响小，能更快更可靠地将节点信息上传。配电所主控单元可判定故障区段中最后一个能检测到所注信号的节点便是离故障点最近的有效节点，将故障点定位在其与线路上未能检测到所注信号的第一个节点之间。

2. 系统工作原理

自闭/贯通线路故障定位分为单相接地故障定位和相间短路故障定位，其详细流程如图 7.33 所示。

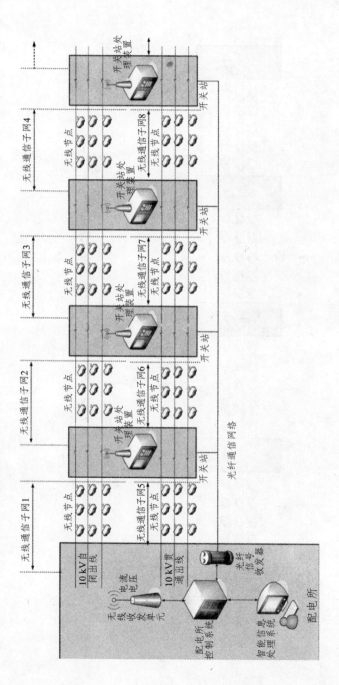

图7.31　通信网络结构

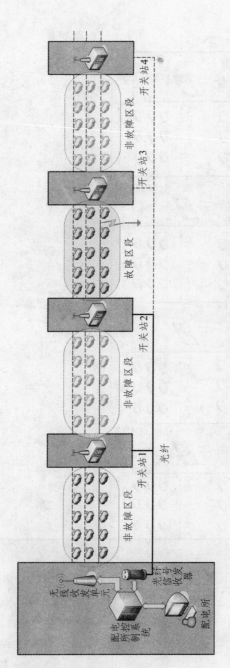

图 7.32 网络分区化层次化定位示意图

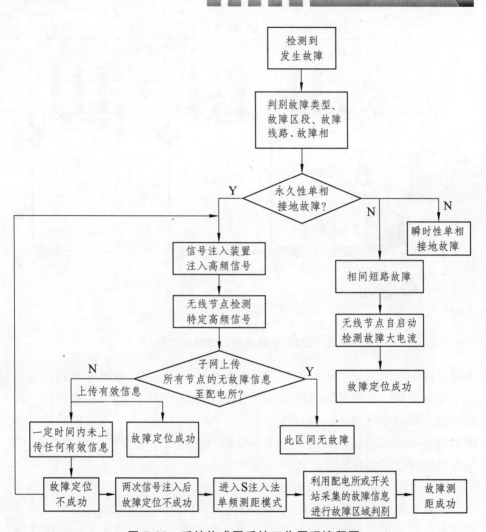

图 7.33　系统构成图系统工作原理流程图

3. 自闭/贯通线路故障定位系统单相接地故障的定位过程

当自闭/贯通某区段发生单相接地故障后，定位系统的定位过程如图 7.34 所示。

配电所主控单元可通过实时采集的数据监测馈线的状况。当判断出系统发生永久性单相接地故障时，主控单元发出"注入"命令，通过母线 PT 二次侧向故障线路故障相注入特定的高频信号，同时发出广播信息通知各分区无线节点等进行检测。若子网络各无线节点均能检测到此特定信号，则表明故障点不在该区域，而在更远端区域，子网即将区域无故障的信息代码通过

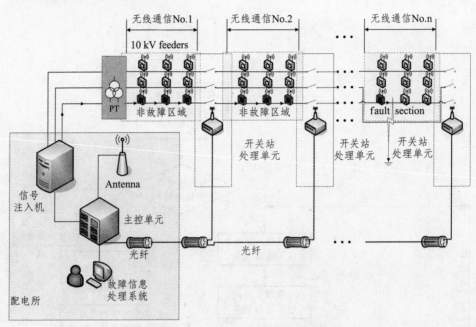

图 7.34　单相接地故障定位过程

光纤上传配电所；若子网内各节点均未检测到特定信号，则表明更近端的子网中发生故障，子网也将网内无故障的信息代码上传配电所。如前所述，在故障点所在的子网络中，节点根据安装时给定的 ID 大小（即其离终端节点的远近）在区域内可根据最末一个有检测到高频信号电流的无线节点的 ID 号来将故障点定位在两节点之间。

　　无线节点在信息中继传输时，根据所接收的故障信息包含的 ID 号的大小可判明此信息是在己前还是己后，如判明该信息为己后距故障点更近的节点所发，则不再进行线路信号检测及上传含本身 ID 信息的工作，只做中继转发；如判定接收到的信息为己前节点所发，则不予理会或将其丢弃，最终只有故障点前最近处的节点信息周期性上传至配电所。如此一来，将大大减少需要处理的信息量并减轻节点间的干扰，使上传速度加快，精确度、可靠性显著增加。

　　所有无线节点上传信息并非电流电压等电气量信息，而是在检测到特定信号电流时生成一个代表"是"的代码信息；未检测到信号的节点不发出信息，或者生成一个代表"否"的代码信息。代码信息分别加上本身 ID 号、报头及校验码等组成的完整信息。

4. 应用前景

将 S 注入法应用于自闭/贯通线，可有效地解决单相接地故障电流数值小、信噪比小的问题；采用分区化定位方式，每一子网内节点数目大为减少，组网更易实现，可靠性也得以提高；开关站与配电所用光纤通信，具有双向功能，使信息传输更为快速有效，受干扰程度大幅降低；通过对带节点 ID 标志信息处理并传输的通信协议，最终只需将故障点最近节点的信息上传，信息量少，干扰小，鲁棒性更好，且误差较小，精度高；采用自上而下的系统设计方式，构建的配电网无线故障定位系统灵活且可扩展性好，系统建设可分步实施。

基于 S 注入法的铁路自闭/贯通线故障定位装置能实现故障接地监测与检测功能，适用于中性点不直接接地系统的单相接地选线及定点监测。该系统的成功研制和投运可望全面解决自闭/贯通线单相接地故障查找困难、排除时间长的问题，对缩短故障查找时间、节省人力和物力、提高供电可靠性都起到积极的作用。同时，还可以考虑将该系统推广应用于电力、石油、船舶及大型厂矿企业的供电系统。

参考文献

[1] 王敏珍，李伟，王玉刚. 铁路配电网自闭/贯通线路故障定位系统[J]. 电网技术, 2009（16）: 101-102.

[2] 邵华平，何正友，覃征. 10 kV 铁路自闭/贯通电力输电线路故障信息综合处理系统研究[J]. 西安交通大学学报（自然科学版）. 2004, 38（8）: 869-872.

[3] He Z Y, Zhang J, Li W H, Bo Z Q, Zhang H P, Nie Q W. An Advanced Study on Fault Location System for China Railway Automatic Blocking and Continuous Transmission Line[C]. Glasgow, UK, 2008.

[4] 何正友，李伟华. 基于 S 注入法的自闭/贯通线路故障定位系统[J]. 西南交通大学学报. 2005, 40（5）: 569-574.

[5] 李伟华. S 注入法在铁路自闭/贯通输电线路故障定位中的适应性研究[D]. 成都: 西南交通大学, 2006.

[6] 李伟华，何正友，赵静. 应用于铁路自闭/贯通线路故障定位的线上节点设计[J]. 电力系统自动化, 2006, 30（23）: 79-84.

第8章 铁路配电网故障信息管理及诊断系统

8.1 引 言

由前面章节的论述可知，铁路配电网发生故障时，表现出相应的故障特征，通过对这些故障特征进行综合分析，可以识别出铁路配电网的故障元件、故障类型和故障区段等。因此，我们可以在调度端构建一个铁路配电网故障信息管理及诊断系统作为 SCADA 系统的高级应用软件运行于调度端。该系统的主要信息来源于各远动采集终端，如微机保护综自系统、FTU 装置等。当这些智能采集终端采集到故障信息，会将其按照一定的报文格式和通信规约传输至调度端的通信前置机；通信前置机检测出上传的故障信息后，则将其送至故障信息管理及诊断系统实时数据库，供诊断核心程序分析使用。本章将构建铁路配电网故障信息管理及诊断系统框架，分析系统应具备的功能和结构，并详细介绍一个应用实例——铁路配电网故障信息管理及诊断系统（Fault Information Analysis System I1.0.0，Fis I1.0.0）。

8.2 系统的功能和结构

8.2.1 系统的功能

铁路配电网故障信息管理及诊断系统的效用主要在于其在调度主站层应用功能的实现，其基本功能有故障信息管理、拓扑管理、统计分析、故障分析等。此外，随着各种智能化的 IED 设备在铁路配电网中的应用，主站层能够接收到更多的故障信息，因此其应用功能随着故障信息的增加会不断扩展，如故障测距、设备可靠性分析等。本节将介绍铁路配电网故障信息管理及诊断系统的主要功能。

作为分析铁路配电网故障的辅助决策支持软件系统，铁路配电网故障信息管理及诊断系统应运行于调度中心的 SCADA 系统平台上，如图 8.1 所示。其主要功能如下：

（1）故障诊断程序可以根据主站接收的实时报警信息自动触发启动或手动启动。

（2）故障分析可分为实时态和研究态。

（3）能够较为精确地判断铁路配电网的故障组件和故障类型。

（4）能够识别故障相，同时判断电力贯通线的故障区段。

（5）根据录波信息，完成故障测距。

（6）分析开关动作原因，并评价开关动作是否正确。

（7）分析保护动作原因，并评价保护动作是否正确。

（8）综合分析故障信息及异常告警信息，提供格式化的故障分析报告。

（9）提供故障分析规则的维护接口。

（10）管理故障信息及分析结果，随时供相关工作人员调用。

（11）提供与其他应用的数据接口。如与调度中心 SCADA 系统接口，获取实时的 FTU 上传的过流等遥测量故障信息报文，配电所综合自动化系统上传的开关跳闸、保护动作信息等遥信变位信息以及信号电源监控终端上传的开关状态信息、电流电压等遥测信息及录波信息等；与配电网故障恢复软件接口，输出故障分析报告。

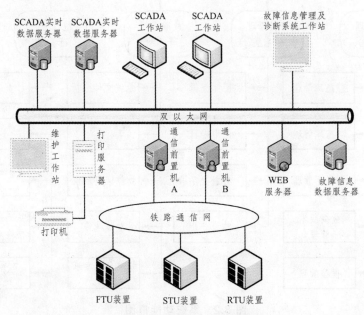

图 8.1　系统运行示意图

（12）实时态故障分析。当铁路配电网发生故障时，保护、开关的事故变位信息上传至调度主站，主站平台实时刷新各配电所开关运行状态，并自动运行网络拓扑搜索模块，为故障诊断提供实时断面。同时，根据拓扑变化，搜索相邻配电所间开关站的过流信息，建立故障信息矩阵，启动电力贯通线故障定位程序。若为单相接地故障，则根据电压互感器开口三角形监测零序过压作为实时启动条件，搜索相邻配电所各分段开关 FTU 过流信息，完成故障定位功能。

（13）研究态故障分析。配电网的故障毕竟不是经常发生，因此为满足运行人员对故障的分析与处理的需要，专门设计了故障设置界面，通过在离线状态下创建研究态即可由人工设置故障来模拟铁路配电网发生故障时的情况。

该系统应用功能如图 8.2 所示，主要由拓扑管理子系统、数据管理子系统、故障分析子系统和统计分析子系统组成。

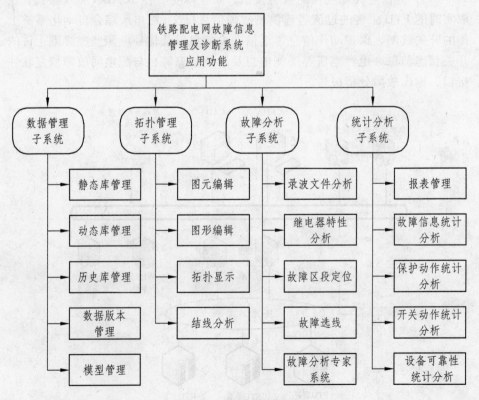

图 8.2　系统功能框图

（1）数据管理子系统。

数据管理子系统对各种应用功能所需的模型、数据、数据版本等进行统一管理，并提供生成、修改和维护工具。数据管理子系统主要用来管理设备数据、远动数据、保护配置数据和故障信息。

① 静态库、动态库和历史库管理。

静态库中存储一次输入并在一般情况下不再修改的数据，主要包括设备数据、保护配置信息及其拓扑连接关系等；动态库中存储故障信息管理及诊断系统运行中经常变化的信息，如远动系统上传的开关变位信息和遥测故障信息等。静态库和动态库的主要区别是：前者在系统投入运行后数据增长率很快趋于零，而后者的资料增长率在整个运行过程中一直较高。为方便系统维护并保证动态库的运行效率，一般还需要引入历史管理库。

② 模型管理。

模型管理单元对铁路配电网所有模型进行管理。铁路配电网的模型包括电力一次设备模型，拓扑连接关系模型，二次装置模型以及一、二次设备关联关系模型等。

模型管理单元的功能如下：

• 提供铁路配电网一、二次系统建模工具，建模接口采用图形化方式。

• 支持模型生成及参数录入，能根据铁路配电网提供的资源配置档自动生成或更新模型。

• 支持二次装置模型的添加、删除，以及模型描述文件的导入、导出。

• 提供模型的分类检索、查看及版本维护等。

③ 数据版本管理。

铁路配电网故障信息管理及诊断系统应具有数据版本管理的功能，能根据版本信息再现历史上某个时刻的一整套的数据环境以支持特定的应用研究。版本管理对象应包括：一次设备，一次拓扑，二次装置，一、二次关联关系，配电所配置文件，配电网图形以及应用产生的需要版本管理的文件。数据版本管理可以利用数据库管理系统提供的数据备份和恢复功能实现，也可以通过在数据记录中附加版本信息的方法实现。

（2）拓扑管理子系统。

拓扑管理子系统通过采用公共的图形规范实现对整个铁路配电网正常运行及异常情况下的网络拓扑结构的管理，使调度运行人员能够清楚地观察到铁路配电网在故障情况下网络拓扑结构发生的变化。

① 图元编辑。

图元编辑的作用是制作铁路配电网中各种常用设备的图元库，以便在制图时方便地调用。用户可以任意定义断路器、隔离开关、变压器等一次电气设备以及保护、故障录波器等二次装置的图符形状和颜色。

② 图形编辑。

图形绘制与管理模块提供图形编辑和维护工具，支持按模型进行图元组合及定义，能建立图元与资源之间、图形与电网拓扑之间的关联关系，支持画面的分层、分级调显，支持配电网接线图的拆分、合并，并对所有图形进行管理，图形包括铁路配电网一次系统接线图、二次系统接线图、保护配置图、地理信息图等。各图形可根据需要叠加显示。它还支持图形的导入、导出及转换，以及提供图形的分类检索、查看及版本维护等功能。

③ 拓扑显示。

拓扑显示模块根据规范化的图形编辑以及铁路配电网的实时运行信息，显示配电网络拓扑结构。

④ 结线分析。

该系统具备简单的结线分析功能，能够根据配电网的实时运行信息，自动搜索停电区域以及相关的异常和故障设备。

（3）故障分析子系统。

故障分析子系统主要提供故障录波文件分析、故障区段定位、继电器特性分析、故障选线以及故障分析专家系统等应用功能，并能综合各种故障分析结果，给出综合故障分析报告。

① 故障录波文件分析。

录波文件主要来自故障录波器或保护录波，对故障录波文件分析主要包括以下几方面内容。

向量分析：可任意选择三相模拟量通道和时间间隔，计算并显示各相、序分量的向量图，并辅以文字方式显示幅值与相角。

谐波分析：可任意选择模拟量通道和时间间隔，计算并显示各次谐波的幅值以及总谐波失真值。

功率计算：包括视在功率、有功功率和无功功率的计算。

公式编辑器：可利用公式编辑器自定义测量量，自定义测量量可作为虚拟通道增加到分析画面中。

故障判断：可进行基本的故障判断，分析故障时刻、故障类型以及故障相别。

SOE 记录：从录波文件中自动提取生成 SOE 列表信息。SOE 列表信息既可以按照事件时间排序，也可以按照开关量通道排序。

分析报告：生成分析报告。报告内容包括：站名，记录触发时间，采样频率，故障时刻，故障持续时间，故障类型，故障相别，最大电流有效值的通道名称及其电流有效值，触发前 1 周期、触发后 6 周期每个信道的电流有效值、均方根值及其谐波值，以大电流为参考的相角值，SOE 列表。

② 继电器特性分析。

继电器特性分析模块综合利用故障录波信息、保护装置自身记录的事件信息，并结合保护原理，利用软件对事故进行回放，对继电器动作特性进行分析。在保护不正确动作的情况下，可利用该分析方法查明保护不正确动作的原因，及时制定反事故措施，避免同类事故重复发生。

③ 故障区段定位。

故障区段定位模块对铁路配电网配电所 RTU 装置和各分段开关 FTU 上传的遥测报文数据进行综合分析，实现贯通线路相间短路故障、单相接地故障以及断线故障的定位功能，将故障定位于相邻的分段开关之间。

④ 故障选线。

故障选线模块根据故障录波数据，提供便利的接口，实现数据的组合，并运用各种选线算法进行计算和综合分析判断，给出较为准确的故障选线结果。

⑤ 故障分析专家系统。

铁路配电网发生故障后，可收集来自各配电所的故障录波信息、保护动作信息以及断路器跳闸信息等，运用专家系统等人工智能技术进行综合判断，准确地诊断出故障元件和故障性质。同时，该系统可对保护、断路器动作行为进行评价，并为事故处理提供参考意见。

（4）统计分析子系统。

① 报表管理。

报表管理模块对铁路配电网的各种故障报文按照系统提供的规格化的各类报表模板进行管理；同时提供报表模板制作工具，支持变量定义和基本统计方法，能在报表字段和数据库字段之间建立关联并实现报表内容自动更新，支持基本表格及棒图、饼图、曲线图等报表样式的制作。

报表管理主要支持以下功能：报表模板的导入、导出，报表模板的交换格式应统一；报表的分组、分类管理，以方便应用功能的调用；自定义统计报表样式、统计范围、周期、日期等；按用户设定时间自动将统计结果按照统计、审核、上报、批复、归档或用户自定义的其他流程完成报表的循环管理。

② 故障信息统计分析。

故障信息统计分析模块用于对各类型故障信息进行综合统计，包括遥测故障信息、遥信故障信息以及故障录波信息。

③ 保护动作统计分析。

保护动作统计分析模块主要用于统计和分析保护动作次数、动作时间、保护动作是否正确等。

④ 开关动作统计分析。

开关动作统计分析模块主要用于统计和分析开关动作次数、动作时间、开关动作是否正确等。

⑤ 设备可靠性分析。

设备可靠性分析模块可根据设备的实际投运情况，结合可靠性统计指标和要求，实现对设备的可靠性统计分析。

8.2.2 系统的结构

系统的设计应采用层次结构，分为 3 个层次：用户层、应用层和数据层，如图 8.3 所示。

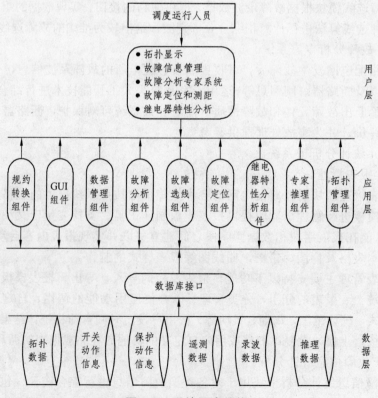

图 8.3 系统层次结构

其中，用户层负责人机交互、接收用户输入、返回处理结果、统一调度其他模块；应用层包含了大量的分析和处理组件，各种故障分析的相关算法、逻辑等都集中在本层实现；数据层封装了对底层数据库的存取操作。

采用层次结构，将使系统具有以下特点：

（1）采用一种合理的功能划分方法，将整个系统划分为接口、应用和数据三个层次，有利于系统的分析、设计和实现。

（2）简化用户层人机界面程序开发工作，使用户不必关心逻辑层的具体算法和数据层的访问方式，只需将工作重心放在接口设计上。

（3）简化接口，降低模块之间的耦合，每层最多只与两层之间有交互，使系统易于维护。

（4）提高了系统适应变化的能力。应用层的组件不能直接访问底层数据库，而必须通过数据库层，当底层数据库的物理结构或逻辑结构发生变化时，可以通过修改数据库的访问组件，而不使该变化扩展到其他层次。

（5）比较容易对各个组件进行授权，限制非法功能访问和数据库访问，从而提高了系统的安全性。

8.3 铁路配电网故障信息管理及诊断系统（Fis I1.0.0）简介

8.3.1 系统概述

铁路配电网故障信息管理及诊断系统（Fis I1.0.0）是一套针对铁路配电网运行特点和要求设计的软件系统。它集成了 SCADA 功能、数据管理分析功能、故障诊断功能以及报表、统计图功能，运行于供电段调度中心，是铁路电力供电调度自动化系统的高级应用软件。软件主界面如图 8.4 所示。

铁路配电网故障信息管理及诊断系统（Fis I1.0.0）的主要功能包括 SCADA 功能、信息管理功能、数据分析功能和故障诊断功能，现分别介绍如下。

8.3.2 SCADA 功能

SCADA 功能是本系统的基本功能，其可以对相关场站的运行状况进行动态监视，如图 8.5 所示。

图 8.4　软件主界面

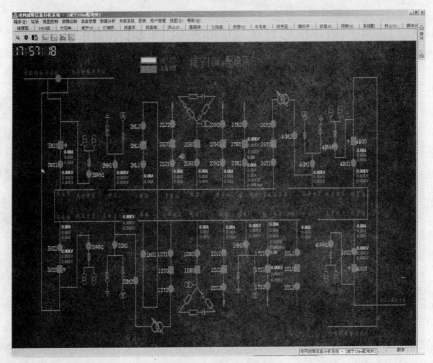

图 8.5　SCADA 界面

　　图 8.6 中右侧为设备管理窗口,选择某设备后可以在左边主界面上显示,可查看设备各种基本参数和运行状态。

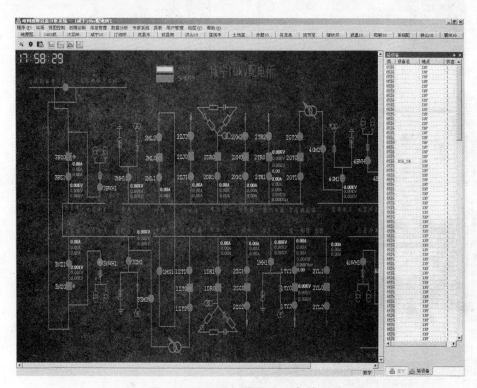

图 8.6　SCADA 界面及设备管理

8.3.3　信息管理功能

　　信息管理功能包括对设备信息、远动信息、保护配置信息及故障信息的管理。

1. 设备信息管理

　　设备信息管理主界面如图 8.7 所示。主要功能:设备信息添加、修改、删除及支持条件查询,完成设备各种统计报表。

　　若需要对数据进行维护操作,可以进入如图 8.8 所示的对话框,输入相应数据,单击"提交"按钮,即可完成操作。

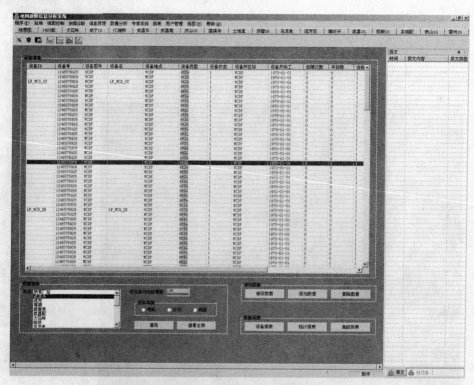

图 8.7 设备管理主界面

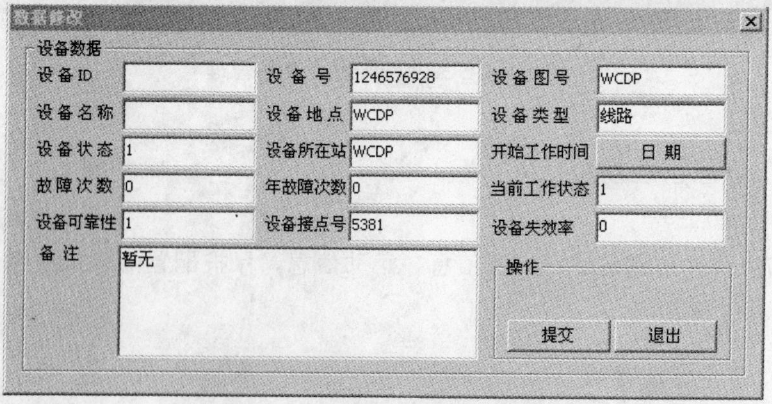

图 8.8 设备修改（添加）界面

2. 远动信息管理

主要功能：远动信息的条件查询，以及报文分析、报文统计，完成报文各种统计报表。

远动信息管理主界面如图 8.9 所示。

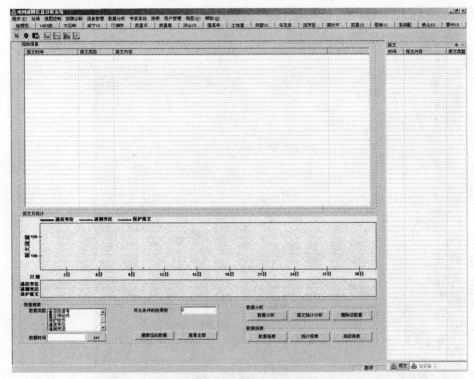

图 8.9 远动信息管理主界面

若需要对某报文进行分析，可以在列表框中选择该报文，进入如图 8.10 所示的对话框，即可查看报文内容。

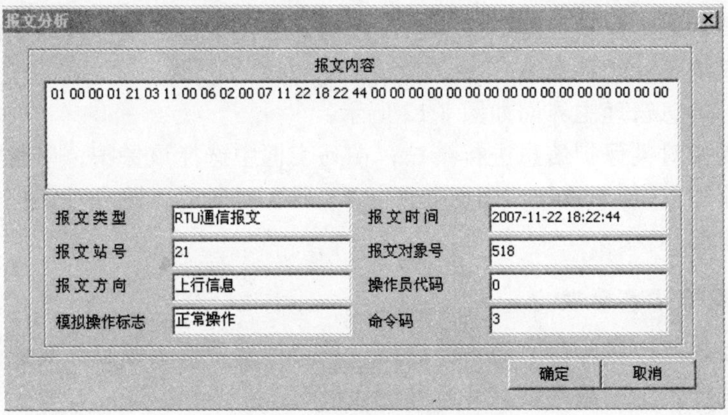

图 8.10 报文分析主界面

若需要进行统计分析，单击"报文统计分析"按钮，选择统计方式，弹出如图 8.11 所示窗口，即可查看报文统计情况。

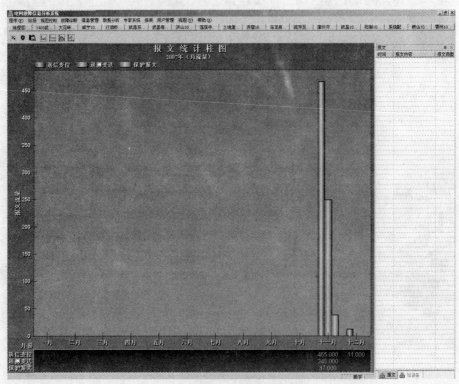

图 8.11　报文年流量统计主界面

3. 保护信息管理

主要功能：保护配置信息的条件查询，数据的添加、修改、删除，生成保护信息的各种统计报表。

保护信息管理主界面如图 8.12 所示。

若需要对某保护信息进行维护，在列表框中选择该保护，单击"修改数据"（"添加数据"）按钮，弹出如图 8.13 所示对话框，即可对保护内容进行修改（添加）。

4. 故障信息管理

主要功能：故障信息的条件查询、故障信息分析、故障性质统计、故障性质站统计、生成故障信息的各种统计报表。

故障信息管理主界面如图 8.14 所示。

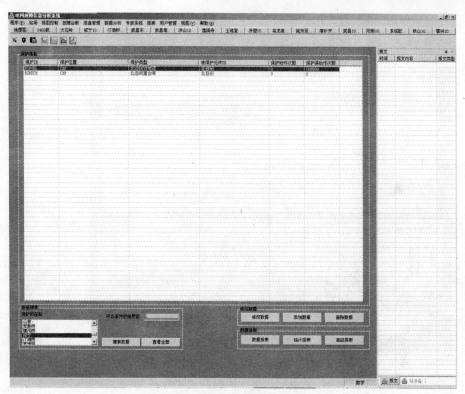

图 8.12 保护信息管理主界面

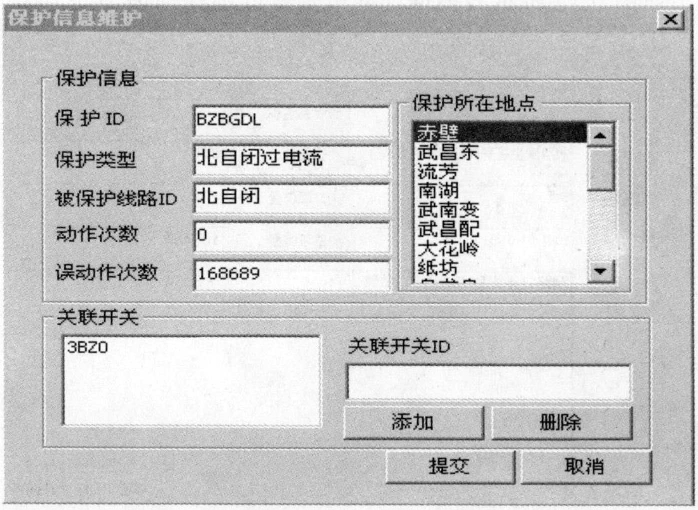

图 8.13 保护维护主界面

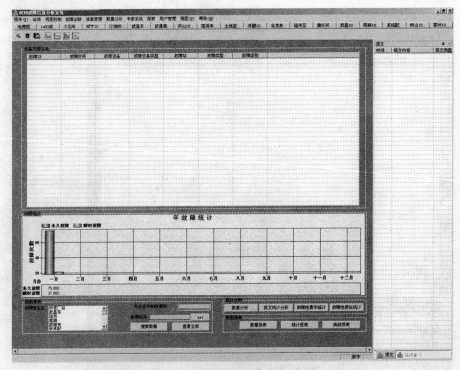

图 8.14　故障信息管理主界面

　　若需要查看某故障详细信息，在列表框中选择该故障，单击"数据分析"按钮，弹出如图 8.15 所示对话框，即可查看故障详细信息。

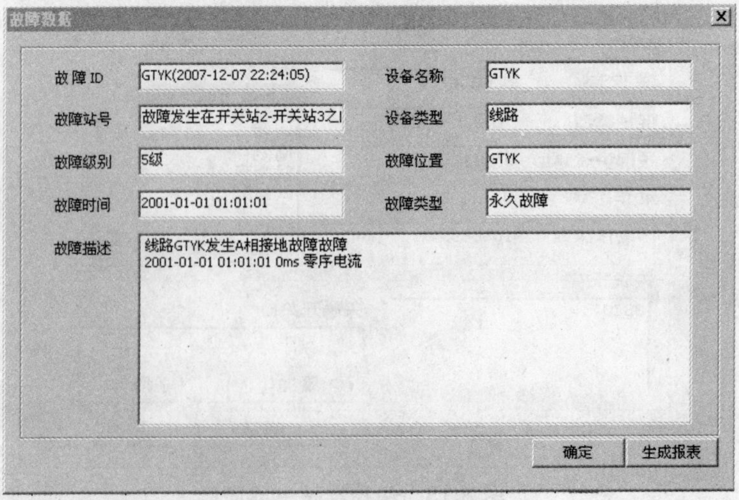

图 8.15　故障信息分析主界面

若需要详细查看某时间段故障性质统计，单击"故障性质年统计"按钮，弹出如图8.16所示窗口，即可查看故障性质年统计。

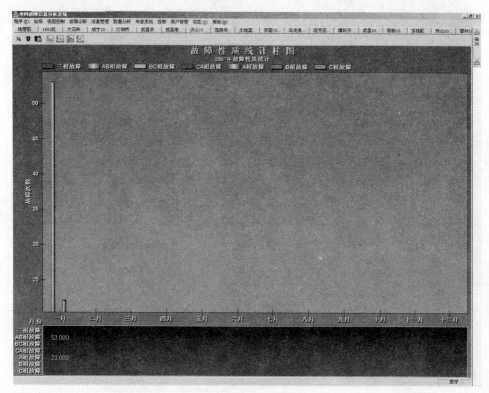

图 8.16 故障性质统计

若需要详细查看某时间段故障性质站统计，单击"故障性质站统计"按钮，弹出如图8.17所示窗口，即可查看故障性质站统计。

8.3.4 数据分析功能

数据分析功能主要完成各种信息的基本分析。

1. 设备分析

主要功能：设备分析、厂站分析和生成各种设备分析报表。

若需要进行设备数据的分析，在列表框中选择该设备，然后选择"数据分析"按钮，弹出如图8.18所示对话框，即可完成设备分析。

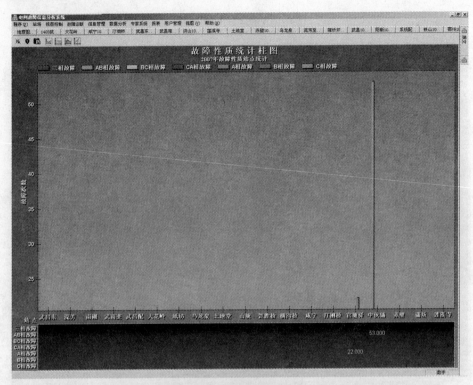

图 8.17 故障性质站统计

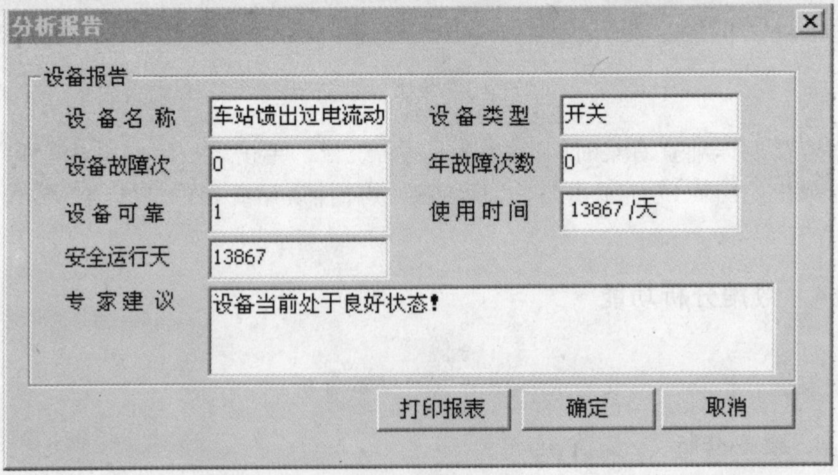

图 8.18 设备分析

　　若需要进行厂站设备数据的统计分析，在站列表框中选择站点名，单击"厂站设备分析"按钮，弹出如图 8.19 所示对话框，即可完成厂站设备分析。

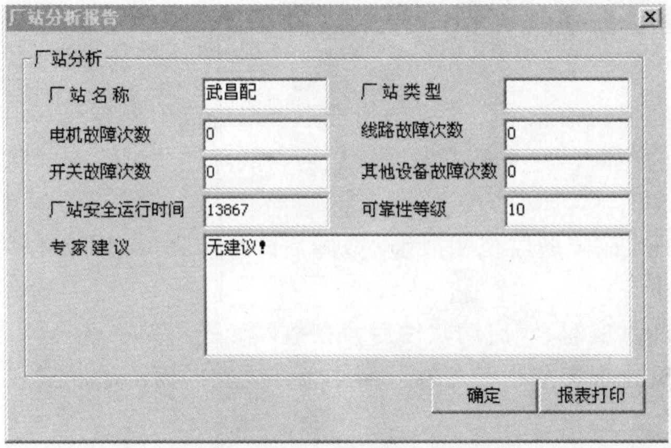

图 8.19 厂站设备统计分析

2. 保护动作分析

主要功能: 保护动作分析、保护动作统计和生成各种开关动作分析报表。

若需要进行保护动作数据的分析, 在列表框中选择该动作, 单击"动作分析"按钮, 弹出如图 8.20 所示对话框, 即可完成保护动作分析。

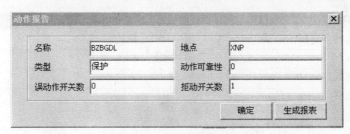

图 8.20 保护动作分析

3. 开关动作分析

主要功能: 开关动作分析、开关动作统计和生成各种开关动作报表。

若需要进行开关动作数据的分析, 在列表框中选择该动作, 单击"动作分析"按钮, 弹出如图 8.21 所示对话框, 即可完成开关动作分析。

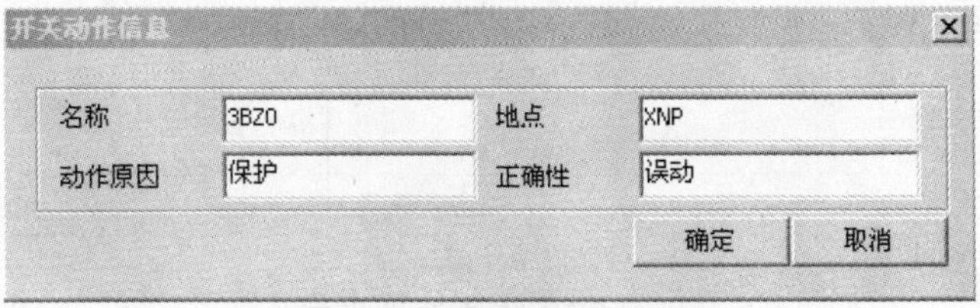

图 8.21 开关动作分析

8.3.5　故障诊断功能

本软件在满足信息上传要求的情况下可以进行单相接地、相间短路等各种故障情况的判断，并完成故障区段识别、故障性质判断。故障诊断界面如图 8.22 所示。

主要功能：故障的监视和报警、故障后的故障分析判别及故障历史查询。具体功能如下：

自动诊断（实时）：启动软件后，在故障诊断菜单中选择"自动诊断"，程序会自动进行报文监视，若发现启动条件则立即启动诊断线程，完成故障诊断。

手动诊断（非实时）：启动软件后，在故障诊断菜单中选择"手动诊断"，程序会自动对近期报文检索，若发现启动条件则立即启动诊断线程，完成故障诊断。

历史查询：查看故障历史。

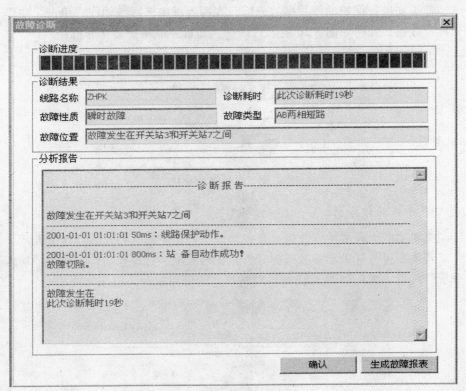

图 8.22　故障诊断界面

参考文献

[1] 邵华平，何正友，覃征. 10 kV 铁路自闭/贯通电力输电线路故障信息综合处理系统研究[J]. 西安交通大学学报（自然科学版）. 2004，38（8）：869-872.

[2] He Z Y, Zhang J, Li W H, Bo Z Q, Zhang H P, Nie Q W. An Advanced Study on Fault Location System for China Railway Automatic Blocking and Continuous Transmission Line[C]. Glasgow, UK, 2008.

[3] 何正友，李伟华. 基于 S 注入法的自闭/贯通线路故障定位系统[J]. 西南交通大学学报，2005，40（5）：569-574.